물리학실험 I

Experimental Physics I

물리학교재편찬위원(가나다순)

강경태, 노창석, 박정식, 배홍섭, 양기원, 조연정

물리학실험 I

초판 1쇄 2022년 11월 21일 | **초판 4쇄** 2025년 2월 24일
지은이 물리학교재편찬위원회
펴낸이 허영우 | **펴낸 곳** 경북대학교출판부
출판등록 1973년 10월 10일 ㉣97호 | **주소** 대구광역시 북구 대학로 80
전화 053-950-3830 | **팩스** 053-953-4692 | **E-mail** press@knu.ac.kr
Homepage http://knupress.com
ISBN 978-89-7180-594-7 93420

정가는 뒤표지에 있습니다.
잘못 만들어진 책은 바꾸어 드립니다.

머리말

물리학은 실험적인 증거에 기초하여 자연의 보편적 법칙을 찾는 학문이다. 거시적인 대상뿐만이 아니라 원자 현미경이나 고에너지 가속기로 볼 수 있는 미시세계의 현상까지 다룬다. 이러한 넓은 학문 분야와 자연현상의 원리를 경험적으로 탐구하는 특성을 바탕으로 물리학은 현대 문명의 발전에 중추적인 역할을 하였으며 과학과 기술 분야의 기초가 되어 왔다. 따라서 물리학이 이공계 연구의 기초라는 것은 자명하다. 대부분의 대학에서는 순수과학뿐만이 아니라 공학을 전공하는 학생들에게 일반물리학과 일반물리학 실험을 이수하도록 하고 있다.

경북대학교 물리학과는 교육 현장에서의 오랜 경험을 바탕으로 물리학실험 책을 출간해 왔으며 이번에 새로운 판을 출간하게 되었다. 본 교재는 역학, 진동, 파동을 주제로 한 다양한 실험 내용을 담고 있으며, 물리학 이론 강의에서 배운 것을 실험적으로 증명할 수 있는 길잡이 역할을 하기 위해 집필되었다. 실험자는 본 교재와 실험장비를 기반으로 실험데이터를 얻어 분석하고, 실험결과의 의미를 추론함으로써 머릿속에 있는 지식이 아닌 직접 경험한 깨달음으로 물리학의 기본 개념을 학습하게 될 것이다.

경북대학교 물리학과는 급변하는 시대에 맞춰 물리학 실험의 내용과 운영 방식을 바꾸기 위해 노력하고 있다. 물리 실험에서 필수로 배워야 할 내용 외에도 물리학에 대한 이공계 학생들의 흥미와 관심을 이끌어 낼 수 있는 실험을 꾸준히 개발하고 있다. 이번 신판에서는 새로운 실험을 추가하고, 실험의 전반적인 내용을 다듬었으며, 기존 실험에 도입된 새로운 장비를 소개하고 그것에 대해 설명하였다.

이 책을 출판하기 위해 노력해 주신 경북대학교 물리학과 물리학교재편찬위원회 교수님들께 깊은 감사의 말씀을 드린다. 아울러 실질적인 업무를 맡아 애써 주신 교양교육센터 양기원 강의초빙교수님의 노고에 깊이 감사드린다.

부디 이 책으로 학습한 내용이 각 전공을 공부하는 데 든든한 밑거름이 되길 바란다.

2022년 10월

물리학교재편찬위원 조연정

목 차

제1장

서론

1-1 개요 및 실험보고서 작성 방법

1. 물리실험의 개요

자연현상에 대한 탐구는 관찰만으로는 불충분하며, 계획된 측정을 수반하는 실험이 필요하다. 특히 물리학은 실험결과를 종합적으로 해석하여 새로운 이론을 세우고 이를 실험을 통해 다시 증명하거나 혹은 이론에서 가정한 새로운 현상을 실험적으로 증명함으로써 발전해 왔다. 물리실험은 실험을 통하여 물리학의 기본원리와 법칙을 체득하고 더 나아가 물리학적 사고를 함양하는 동시에 자연현상의 원리를 더욱 잘 이해할 수 있도록 도와준다.

2. 실험 시 주의사항

① 실험은 대개 2~3명이 한 조가 되어 서로 협동하며 수행하는 것이 바람직하다. 다른 사람이 실험하는 것을 보고만 있지 말고, 실험·실습에 적극적으로 참여하도록 한다.

② 실험실 안전에 관한 자세한 설명을 듣고 조교의 지시를 충실히 따른다.

③ 실험교재와 예비보고서를 참고하여 미리 준비된 실험장치를 설치하고, 교재에 설명된 실험방법에 따라 실험을 수행한다. 교재에 제시된 기본실험은 조원들과 협의하여 반드시 직접 수행하여야 한다. 실험 중 문제가 있거나 실험과정에서 창의적으로 생각한 추가실험이 있을 경우 담당 조교의 도움을 받아 실험을 진행한다.

④ 조원들과 실험결과를 서로 토론하고 의견을 정리한 후 결과에 대한 보고서를 각자 작성하여 제출한다.

⑤ 실험기기를 다룰 때는 항상 안전에 주의하여야 한다. 실험을 마친 후 실험기기의 전원이 모두 꺼졌는지 확인한다.

⑥ 실험실은 많은 학생들이 공동으로 사용하는 공간이므로 실험을 마친 후에는 뒷정리를 깨끗이 하여 다음 학생들이 실험하는 데 지장이 없도록 해야 한다.

3. 실험보고서 작성

실험보고서 작성 시 다음 사항을 유의해야 한다.

① 모든 실험값은 측정된 대로 정확하게 기록해야 한다. 이때 모든 물리량의 단위를 빠뜨리지 말고 명기해야 한다.

② 그래프를 그릴 때는 데이터 스튜디오 같은 소프트웨어의 사용을 권장한다. 이때 x축과 y축의 물리량과 단위를 명시해야 한다.

③ 최소자승법을 이용해서 도출된 실험값은 이론적 함수의 형태로 맞춤(fitting)한다. 이를 이론적으로 예측되는 값과 비교한다. 또한 그래프에 나타나는 기울기가 어떤 물리학적 의미를 갖는지 생각해 본다.

④ 측정한 실험값에 대해서는 오차를 계산하고 오차의 원인이 무엇인지 조원들과 토의한다. 실험에서 발생한 오차의 원인과 실험 시 오차를 줄일 수 있는 방법 등을 결론에 설명한다.

[표 1] 예비보고서와 결과보고서를 분리하여 작성할 경우 보고서 양식

예비보고서. 실험 제목

학과 : 　　　　　 학번 : 　　　　　 이름 :

실험 날짜 : 　　　　　 공동 실험자 :

1. 실험목적
2. 이론
   - 실험목적에 맞는 이론적인 식을 이용하여 설명한다.
   - 실험결과에 필요한 이론적인 값을 구하고, 실험 시 이를 참고한다.
     (일반물리학 교재 참조)
3. 실험방법

결과보고서. 실험 제목

학과 : 　　　　　 학번 : 　　　　　 이름 :

실험 날짜 : 　　　　　 공동 실험자 :

1. 실험결과 및 분석
   - 실험데이터를 표로 작성(유효숫자와 단위에 주의하여 표기)
   - 실험데이터를 그래프로 작성하고 최소자승법을 사용하여 실험결과를 추론한 후 그래프의 물리적 의미를 생각해 본다.
   - 실험값과 이론값 간의 오차를 계산하고 오차의 원인과 실험결과를 분석하여 설명한다.
2. 실험결과에 대한 논의
   - 실험목적을 생각하며 실험결과를 이론적 예상값과 비교·분석한다.
   - 실험을 통해 알 수 있었던 사실과 실험결과를 바탕으로 예측할 수 있는 것, 실험적 한계, 추가 실험으로는 무엇이 필요한지 등에 대해 생각해 보고 이를 기재한다.

※ 리포트는 자유롭게 작성하되, 컴퓨터로 작성할 경우 다음 사항에 유의한다.

① 실험 제목, 수식, 표는 가운데 정렬로 나타낸다.

② 학과, 학번, 이름은 오른쪽 정렬로 표시하고 시작 글자의 위치를 일치시킨다.

③ 수식, 표, 그래프에는 번호와 간단한 설명을 덧붙인다.

1-2 실험데이터 및 오차

1. 물리량

물리량이란 자연현상을 객관적이고 정량적으로 기술하기 위해 도입된 것이다. 물리학의 모든 법칙은 물리량의 수학적 관계로 표현된다. 물리량은 기본물리량과 기본물리량의 조합으로 표현되는 유도물리량으로 구분된다. 어떤 실험자가 관측한 실험값을 다른 사람에게 설명하거나 같은 실험에 대해 다른 사람이 재현할 수 있는 실험결과를 얻기 위해서는 먼저 물리량에 대한 단위의 표준이 정의되어야 한다. 예를 들어 막대의 길이가 18.0cm라면 길이의 기본단위인 1cm를 정의해야 다른 사람이 막대의 길이를 정확하게 이해할 수 있다. 1881년 국제적으로 인정받는 CGS(Centimetre Gram Second) 단위계가 정해졌다. 하지만 그 단위는 실제로 사용하기에는 너무 작아서 1960년에 국제위원회에서 표준을 다시 제정하였다. 이를 SI 단위계(International System of Unit) 또는 MKS(Metre Kilogram Second) 단위계라 한다. 단위에는 일곱 가지의 물리량에 대한 기본단위와 기본단위들의 조합으로 만들어지는 유도단위가 있다.

1) 기본단위

기본단위는 길이, 질량, 시간, 온도, 전류, 물질의 양, 광도와 같은 일곱 가지 물리량에 관한 단위를 말한다. SI 단위계에서 길이, 질량, 시간은 각각 미터(m), 킬로그램(kg), 초(s)로 정의되며 온도는 캘빈(K), 전류는 암페어(A), 광도는 칸델라(cd), 물질의 양은 몰(mole) 단위로 표현된다.

[표 1] 일곱 가지 기본단위

이름	설명
초(s)	절대0도 상태인 세슘-133 원자의 바닥 상태에 있는 전자의 스핀이 반대 방향으로 바뀔 때 흡수·방출하는 빛이 9192631770번 진동하는 데 걸리는 시간으로 정의
미터(m)	빛이 진공에서 1/299792458초 동안 진행한 거리로 정의
킬로그램(kg)	백금 90%-이리듐 10% 합금으로 만든 르그랑K라는 물질의 1kg 질량으로 정의
암페어(A)	진공에서 1m 떨어진 이상적인 두 직선 도선에 흐르는 같은 크기의 전류가 1m당 2×10^{-7}N의 인/척력을 발생하게 하는 전류의 크기로 정의
켈빈(K)	물의 삼중점의 온도와 절대0도 사이를 273.16으로 나눈 크기로 정의
몰 (mol/mole)	탄소-12 12g의 원자 개수를 기준단위로 설정(1mol: 대략 6.0221367×10^{23}개)
칸델라(cd)	540×10^{12}Hz의 진동수를 가진 빛만을 방출하는 광원이 스테라디안당 1/683W의 에너지를 방출하는 정도의 광도로 정의

2) 유도단위

유도단위는 기본단위들의 조합으로 만들어지는 단위를 말한다. 아래의 표는 물리학에서 자주 사용하는 유도단위를 나타낸 것이다.

[표 2] 물리학에서 자주 사용하는 유도단위

물리량	단위	기호	다른 표기법	기본단위에 의한 표기
주파수, 진동수	헤르츠	Hz		s^{-1}
힘	뉴턴	N		$kg \cdot m \cdot s^{-2}$
압력, 기압, 변형력	파스칼	Pa	N/m^2	$kg \cdot m^{-1} \cdot s^{-2}$
에너지, 일, 열량	줄	J	N • m	$kg \cdot m^2 \cdot s^{-2}$
일률, 복사속	와트	W	J/s	$kg \cdot m^2 \cdot s^{-3}$
전하량, 전기량	쿨롱	C		A • s
전위, 기전력	볼트	V	W/A	$kg \cdot m^2 \cdot A^{-1} \cdot s^{-3}$
전기용량	패럿	F	C/V	$A^2 \cdot s^4 \cdot kg^{-1} \cdot m^{-2}$
전기저항	옴	Ω	V/A	$kg \cdot m^2 \cdot A^{-2} \cdot s^{-3}$

물리량	단위	기호	다른 표기법	기본단위에 의한 표기
전기전도도	지멘스	S	A/V	$A^2 \cdot s^3 \cdot kg^{-1} \cdot m^{-2}$
자력선속	웨버	Wb	V • s	$kg \cdot m^2 \cdot A^{-1} \cdot s^{-2}$
자력선속밀도	테슬라	T	Wb/m^2	$kg \cdot A^{-1} \cdot s^{-2}$
인덕턴스	헨리	H	Wb/A	$kg \cdot m^2 \cdot A^{-2} \cdot s^{-2}$
광선속	루멘	lm		cd • sr
광조도	럭스	lx	lm/m^2	$cd \cdot sr \cdot m^{-2}$
방사능	베크렐	Bq		s^{-1}

[표 3] 기타 관습적으로 사용하는 단위

명칭	기호	SI 단위와의 관계
평면각	라디안(rad)	
입체각	스테라디안(sr)	
도(degree)	°	$1° = (\pi/180)rad$
리터(liter)	l	$1l = 1000cm^3 = 10^{-3}m^3$
톤(ton)	t	$1t = 1000kg$
전자볼트	eV	$1eV \approx 1.602 \times 10^{-19}J$
원자질량	u	$1u \approx 1.66 \times 10^{-22}kg$
천문단위	Au	$1Au = 1.496 \times 10^{11}m$
옴스트롱	Å	$1Å = 10^{-10}m$
바	bar	$1bar = 0.1MPa = 10^5Pa$
퀴리	Ci	$1Ci = 3.7 \times 10^{10}Bq$
뢴트겐	R	$1R = 2.58 \times 10^{-4}C/kg$
에르그	erg	$1erg = 10^{-7}J$
다인	dyn	$1dyn = 10^{-5}N$
가우스	G	$1G = 10^{-4}T$
에르스텟	Oe	$1Oe = \frac{1000}{4\pi}A/m$

명칭	기호	SI 단위와의 관계
토르	torr	$1\text{torr} = \frac{101325}{760}\text{Pa}$
대기압	atm	$1\text{atm} = 101325\text{Pa}$
칼로리	cal	$1\text{cal} = 4.1868\text{J}$
마이크론	μ	$1\mu = 10^{-6}\text{m}$

2. 유효숫자

실험에서 측정값은 실험적 불확실성의 범위 내에서만 의미가 있다. 이러한 불확실성의 정도는 실험장치의 성능, 실험자의 능력, 실험 횟수 등 여러 가지 요인에 의해 영향을 받는다. 측정값을 숫자로 표현할 때 정확도를 높이기 위해 신뢰할 수 있는 범위의 자릿수만을 표시하는 방법이 유효숫자 표현이다.

예 123 ⇨ 유효숫자의 개수: 3

3.14 ⇨ 유효숫자의 개수: 3

23400 ⇨ 유효숫자의 개수가 3개일 때 2.34×10^4

(4 뒤에 붙어 있는 0은 의미 없는 숫자)

0.001230 ⇨ 유효숫자의 개수가 4개일 때 1.230×10^{-3}

(1 앞에 붙어 있는 0은 의미 없는 숫자)

덧셈이나 뺄셈의 경우에는 소수점 이하의 자릿수를 고려하여 계산한 값의 유효숫자를 결정하여야 한다. 숫자를 더하거나 뺄 때 결과의 소수점 이하 자릿수는 계산 과정의 숫자 중 소수점 이하의 자릿수가 가장 작은 자릿수와 같아야 한다. 따라서 덧셈이나 뺄셈에서 유효숫자의 수를 줄여야 할 경우에는 반올림한다.

예 123 + 5.35 = 128.35 (×) ⇨ 128 (○)

(3) (3) (5) (반올림하여 3개로 만들면)

123 - 5.35 = 117.65 (×) ⇨ 118 (○)

(3) (3) (5) (반올림하여 3개로 만들면)

곱셈과 나눗셈의 경우에는 유효숫자의 개수에 유의하여 계산해야 한다. 여러 개의 수를 곱할 때, 계산값의 유효숫자는 곱하는 값 중에서 가장 작은 유효숫자의 개수와 일치시킨다. 나눗셈의 경우도 마찬가지이다. 아래의 수식에서 괄호 안의 숫자는 유효숫자의 개수를 표시한 것이다.

예 45 × 55 = 2475 (×) ⇨ 2500 ⇨ 2.5 × 103 (○)

(2) (2) (4) (반올림하여 유효숫자 2개로 표현)

453 / 42 = 10.7857 (×) ⇨ 11 (○)

(3) (2) (6) (반올림하여 유효숫자 2개로 표현)

[표 4] 10의 지수를 나타내는 접두어

지수	접두어	약호
10^{-18}	atto	a
10^{-15}	femto	f
10^{-12}	pico	p
10^{-9}	nano	n
10^{-6}	micro	μ
10^{-3}	milli	m
10^{-2}	centi	c
10^{-1}	deci	d
10^{1}	deca	da
10^{2}	hecto	h
10^{3}	kilo	k
10^{6}	mega	M
10^{9}	giga	G
10^{12}	tera	T

지수	접두어	약호
10^{15}	peta	P
10^{18}	exa	E

3. 오차계산

실험값과 이론값의 차이는 실험장치의 오차나 실험자의 실수로 인한 오차 때문에 나타난다. 실험에서 발생하는 오차를 줄이려면 항상 주의를 기울여 실험해야 한다. 일반적으로 오차는 실험장치의 부정확성으로 인한 계통오차(systematic error)와 반복 측정할 때마다 다른 결과를 얻게 되는 측정값들의 변동으로 인한 통계오차(statistical error)로 구분한다. 예를 들어 카트의 길이를 센티미터 자로 측정할 경우 눈금 이하 길이의 측정값은 부정확하며 오차가 발생한다. 한편 반복 측정에 의한 평균을 취하면 측정오차를 줄일 수 있으므로 항상 동일한 조건에서 실험을 반복하도록 노력해야 한다.

1) 평균

$$x = \frac{\sum_{i}^{n} f_i x_i}{\sum_{i}^{n} f_i}$$

x_i : 실험값 f_i : 실험값 x_i의 빈도수

2) 실험오차

$$\frac{|\text{예상값} - \text{실험값}|}{\text{예상값}} \times 100\,[\%]$$

3) 편차

(1) 평균편차(오차)

동일한 양을 여러 번 독립적으로 측정할 때 생기는 오차이다. 최종 실험값은 여러 번에

걸친 실험값의 평균값이므로 각 실험값은 평균값에서 벗어나는 정도, 즉 오차를 갖는다. 평균편차는 다음과 같이 구할 수 있다.

① 여러 실험값(n)의 평균값을 구한다.

② 여러 실험값과 위 평균값 사이의 편차를 구하여 절대값을 취한다.

③ 위에서 구한 편차의 평균을 구한다.

$$< \Delta x > = \sum_{i}^{n} \frac{|\Delta x_i|}{n}$$

(2) 표준편차

표준편차는 편차의 제곱을 합한 값을 평균하여 제곱근으로 표시한다.

$$\sigma = \sqrt{\frac{1}{n}\sum_{i}^{n}(x_i - x)^2}$$

예제 1 중력가속도를 측정한 실험값이 아래와 같이 나타난 경우의 평균, 실험오차, 평균편차, 표준편차를 구하라. 이론값은 9.8m/s^2이다.

실험값	9.00	9.50	10.0	10.5
빈도수	1	2	2	1

평균 = $\dfrac{9.00 \times 1 + 9.50 \times 2 + 10.0 \times 2 + 10.5 \times 1}{2} = 9.75$

실험오차 = $\dfrac{9.8 - 9.75}{9.8} \times 100 = 0.51\%$

평균편차

$$= \frac{(9.75 - 9.00) \times 1 + (9.75 - 9.50) \times 2 + (9.75 - 10.0) \times 2 + (9.75 - 10.5) \times 1}{6} = 0.42$$

표준편차

$$= \sqrt{\frac{(9.75-9.00)^2 \times 1 + (9.75-9.50)^2 \times 2 + (9.75-10.0)^2 \times 2 + (9.75-10.5)^2 \times 1}{6}} = 0.48$$

4) 오차의 전파(Probable experimental error)

최종 실험값이 여러 실험값의 조합으로 나타날 때에는 최종 오차를 구해야 한다. 이 경우 최종 실험값은 대개 여러 실험값의 함수로 표현된다. 가능실험오차는 아래와 같이 계산한다.

① 여러 실험량에 대한 최종 실험량(N)의 전미분을 구한다.

② 상대적인 값을 구하기 위해 위에서 구한 것을 최종 실험량으로 나눈다.

③ 모든 dx_i를 Δx로 고치고 실험값과 이론값 간의 차이의 절대값을 구하기 위하여 Δ 앞에 있는 -는 +로 고친다. 여기서 Δx_i는 x_i를 측정할 때 생기는 오차이다.

④ 최종 실험값(N)은 다른 실험값(A, B, C, $\cdots$)을 편미분한 값의 절대값을 합한 값으로 표현된다.

$$dN = \left|\frac{\partial N}{\partial A}\right| + \left|\frac{\partial N}{\partial B}\right| + \left|\frac{\partial N}{\partial C}\right| + \cdots$$

예제 2 $N = \dfrac{AB^4}{C\sqrt{D}}(E-F)$로 표현되는 N값을 실험으로 구하라. 여기서 A, B, C, D, E, F는 실험으로 구해야 하는 양들이다.

$$\text{(a)}\ dN = \frac{B^4}{C\sqrt{D}}(E-F)dA + \frac{A}{C\sqrt{D}}(E-F)4B^3dB - \frac{AB^4}{\sqrt{D}}(E-F)\frac{dC}{C^2} - \frac{AB^4}{C}(E-F)\frac{1}{2}\frac{dD}{\sqrt[3]{D}} + \frac{AB^4}{C\sqrt{D}}dE - \frac{AB^4}{C\sqrt{D}}dF$$

$$\text{(b)}\ \frac{dN}{N} = \frac{dA}{A} + 4\frac{dB}{B} - \frac{dC}{C} - \frac{1}{2}\frac{dD}{D} + \frac{dE}{E-F} - \frac{dF}{E-F}$$

$$\text{(c)}\ \frac{\Delta N}{N} = \frac{\Delta A}{A} + 4\frac{\Delta B}{B} + \frac{\Delta C}{C} + \frac{1}{2}\frac{\Delta D}{D} + \frac{\Delta E}{E-F} - \frac{\Delta F}{E-F}$$

A, B, C, D, E, F는 이론값 또는 계산될 수 있는 값이며 ΔA, ΔB, ΔC, ΔD, ΔE, ΔF는 위의 평균편차의 계산값이다. 이들을 위 식에 넣으면 $\dfrac{\Delta N}{N} \times 100[\%]$의 값, 즉 가능실험오차를 계산할 수 있다.

예제 3 x, y의 이론값은 각각 10, 20이며 평균편차는 각각 1, 2로 나타난다. 이 실험에서 여러 실험값으로 표현되는 실험값이 함수 $A(x,y) = x+y$, $x \times y$, $3x^2$, $3e^{2x}$, $3\log(2x)$로 나타날 경우 각각의 가능실험오차를 구하라.

(a) $A(x,y) = x+y$

$$\frac{dA}{A} \times 100 = (\frac{dx}{x+y} + \frac{dy}{x+y}) \times 100 = (\frac{1}{30} + \frac{2}{30}) \times 100 = 10\%$$

(b) $A(x,y) = x \times y$

$$\frac{dA}{A} \times 100 = (\frac{dx}{x} + \frac{dy}{y}) \times 100 = (\frac{1}{10} + \frac{2}{20}) \times 100 = 15\%$$

(c) $A(x,y) = 3x^2$

$$\frac{dA}{A} \times 100 = \frac{3 \times 2x \times dx}{3x^2} \times 100 = \frac{2}{10} \times 1 \times 100 = 20\%$$

5) 최소자승법

최소자승법은 편차 Δy_i의 제곱값의 합을 최소로 만드는 것으로, 실험값들의 결과를 최적화한다. 최소자승법의 구체적인 계산 방법은 부록에 자세히 설명되어 있다. 한편 최근에는 컴퓨터를 활용한 데이터 처리가 보편화되어 컴퓨터 프로그램을 이용하면 쉽게 최소자승법을 실행할 수 있다. 예를 들어 Data Studio, 마이크로소프트 엑셀, 오리진 등 다양한 데이터 처리 소프트웨어의 추세선이나 맞춤(fitting) 기능을 이용하면 소프트웨어가 수학적 계산을 처리하여 최적의 결과값을 제시한다. 따라서 실험보고서를 작성할 때에도 데이터 처리 소프트웨어를 사용하여 실험데이터를 그래프로 그린 다음 추세선 기능을 사용하면 실험결과와 이론적 예상치를 쉽게 비교·분석할 수 있다. [그림 1]에서 점은 실험데이터를 그래프로 그린 것이고, 직선은 1차 선형 함수로서의 추세선을 그린 예제이다. 이 방법을 사용하면 실험에서 측정한 데이터의 기울기와 y절편의 값을 보다 정확하게 구할 수 있다.

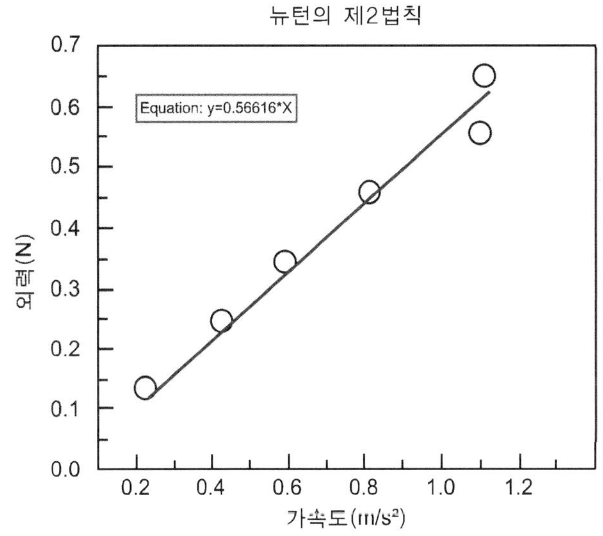

[그림 1] 최소자승법을 이용한 추세선(fitting)

제2장

실험

실험1 자유낙하운동

1. 목적

자유낙하운동을 하는 물체의 낙하거리와 시간을 측정하여 지면으로 떨어지는 물체의 중력가속도를 계산한다. 자유낙하운동을 하는 물체에 작용하는 중력가속도가 낙하높이와 질량, 크기에 따라 어떻게 변화되는지 알아보자.

2. 이론

중력가속도는 지구의 중력 때문에 생기는 가속도를 말한다. 공기의 저항을 무시하면 지표면 근처에서 낙하하는 물체의 중력가속도 크기는 물체의 질량과 관계없이 일정한 값(약 $9.8\mathrm{m/s^2}$)을 갖는다.

[표 1] 위도에 따른 중력가속도의 차이

위치	위도	중력가속도($\mathrm{m/s^2}$)
적도	0°	9.780
도쿄	35° N	9.798
서울	37° N	9.799
워싱턴	38° N	9.801
북극	90° N	9.832

중력이 크면 중력가속도도 크게 나타난다. 지구는 자전에 의한 영향으로 적도지방이 부푼 타원체이기 때문에 적도에서 극지방으로 갈수록 중력가속도가 증가한다. 같은 위도상이라면 지표면에서 중력가속도가 가장 크며 고도가 높아질수록 작아진다.

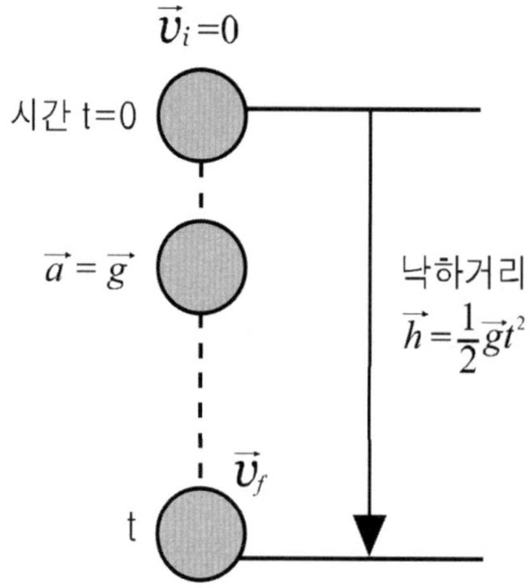

[그림 1] 자유낙하운동

자유낙하운동이란, 물체의 처음 상태와 상관없이 지구 중력의 영향권에서 지구 중력에 의해 낙하하는 물체의 운동을 말한다. [그림 1]과 같이 정지상태($\vec{v}_i = 0$)인 물체가 높이 h에서 아래로 자유낙하를 하였다면 임의의 시간 t초 후 물체의 위치는 식 (1)로 주어진다. 여기서 $\vec{h}$는 출발점으로부터 물체가 떨어진 거리, $\vec{g}$는 중력가속도, t는 물체가 떨어지는 동안의 시간을 나타내며, 아래 방향을 '+'로 정의한다. 실험에서 낙하높이와 낙하시간을 측정하면 식 (1)을 이용하여 중력가속도를 구할 수 있다.

$$\vec{h} = \frac{1}{2}\vec{g}t^2 \tag{1}$$

한편 매질 속에서 움직이는 물체에는 매질에 의한 저항력이 존재한다. 저항력의 크기는 물체의 속력(또는 속력의 제곱)에 비례하며 물체의 운동 방향과 반대이다. 물체가 공기 중에서 빠른 속도로 낙하하는 경우에 공기의 저항력에 의해 가속도의 크기가 작아져서 대략 $9.8\,\mathrm{m/s^2}$ 보다 작게 된다.

3. 실험장치

인터페이스, 컴퓨터, 클램프, 지름 13.0mm의 공과 20.0mm의 공, 스탠드, 자유낙하 어댑터, 줄자

4. 실험방법

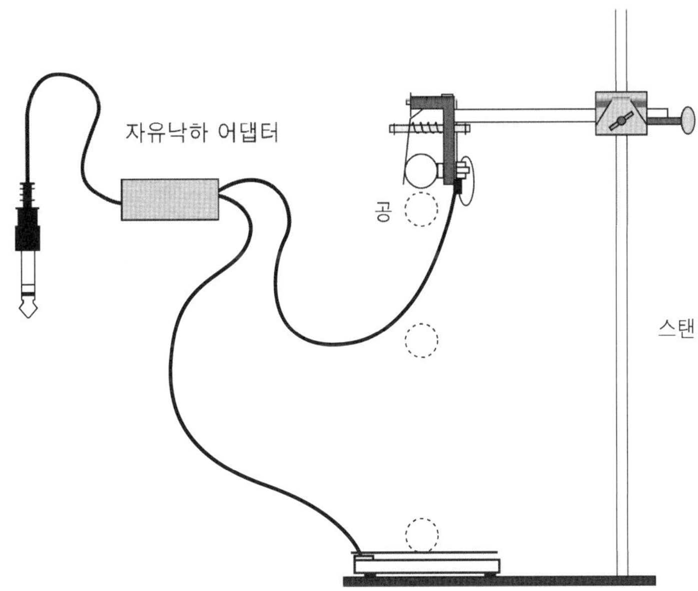

[그림 2] 중력가속도 측정장치

① [그림 2]와 같이 자유낙하 어댑터(Free fall adapter)를 인터페이스와 함께 설치하고 지름이 13.0mm인 쇠공을 스프링막대와 나사를 사용하여 고정한다. 인터페이스의 USB 포트를 노트북에 연결하고 자유낙하 어댑터의 플러그를 인터페이스에 꽂는다.

② 왼쪽의 Tools 중 상위에 있는 Hardware Setup( )을 눌러 인터페이스와 센서들이 잘 연결되어 있는지 확인한다. 연결이 잘되었다면 다음 그림과 같이 나타난다. 장치가 연결되어 있지 않으면 느낌표로 표시된다. 1번에 Free fall Adapter( )가 선택되어 있는지 확인한다.

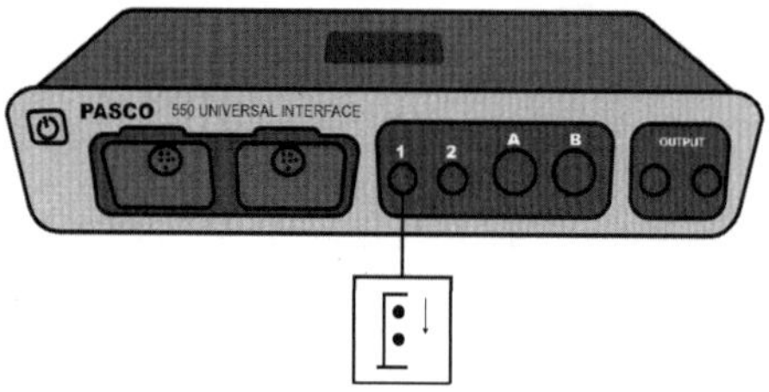

③ 쇠공의 밑부분과 공받이 패드 사이의 낙하거리 h를 측정하고 표에 기록한다. 쇠공을 공 고정장치의 얇은 쇠판과 돌출된 금속나사 사이에 고정하고, 얇은 쇠판을 눌러 스프링이 걸린 쇠기둥을 당긴 후 검은색 나사를 돌려 고정한다.

④ Digit에서 측정값을 낙하시간(Time of Fall)으로 선택하고 파일 하단에 있는 Record(Record)를 클릭한 다음 나사를 돌려 쇠공을 떨어뜨린다. 그다음에 Stop(Stop)을 클릭하여 측정을 완료한다. 측정된 낙하시간을 표에 기록한다.

⑤ 실험할 때 오차를 줄이기 위하여 Time of Fall의 Digit 단위를 클릭하여 ms로 바꾼 다음 Digit 위쪽에 나타나는 유효숫자 아이콘( )을 클릭하여 소수점 자릿수를 늘리고 난 후에 실험을 한다. 파일의 좌측 상단에 위치한 낙하시간인 Time of Fall을 측정한 값을 나타내는 Digit로 중력가속도를 계산한다. 또한, 이론값과 실험값 간의 오차를 구한다.

⑥ 낙하거리를 변화시키면서 위의 과정을 되풀이하여 실험한다. x축을 시간, y축을 높이로 한 그래프를 그리고 실험결과를 분석한다.

⑦ 지름과 질량이 다른 쇠공을 사용하여 위의 실험과정을 반복한다.

결과보고서 1. 자유낙하운동

학과 : 학번 : 이름 :

실험 날짜 : 공동 실험자 :

1. 실험결과 및 분석

1) 공 1

지름 = m

질량 = kg

중력가속도 이론값 $g = 9.8\mathrm{m/s^2}$

[표 1] 공 1의 낙하거리와 낙하시간에 따른 중력가속도 실험값

측정값			계산값	
낙하거리 $h[\mathrm{m}]$	낙하시간 $t[\mathrm{s}]$	시간제곱 $t^2[\mathrm{s}^2]$	중력가속도 $g[\mathrm{m/s^2}]$ 실험값	중력가속도 $g[\mathrm{m/s^2}]$ 오차$[\%]$
평균				
표준편차				

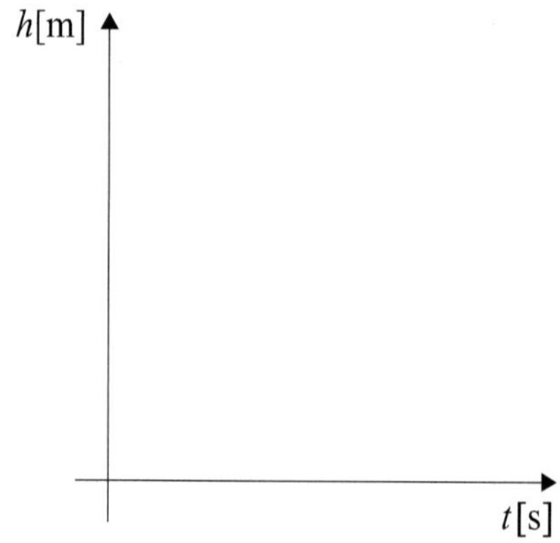

[그래프 1] 낙하거리와 낙하시간의 관계

질문 1. 중력가속도 실험값의 평균과 표준편차의 의미를 생각해 보자.

질문 2. 낙하거리와 시간의 관계를 알아보자.

2) 공 2

지름 = m

질량 = kg

중력가속도 이론값 $g = 9.8\mathrm{m/s^2}$

[표 2] 공 2의 낙하거리와 낙하시간에 따른 중력가속도 실험값

측정값		계산값		
낙하거리 h[m]	낙하시간 t[s]	시간제곱 $t^2[\mathrm{s^2}]$	중력가속도 $g[\mathrm{m/s^2}]$ 실험값	중력가속도 $g[\mathrm{m/s^2}]$ 오차[%]
평균				
표준편차				

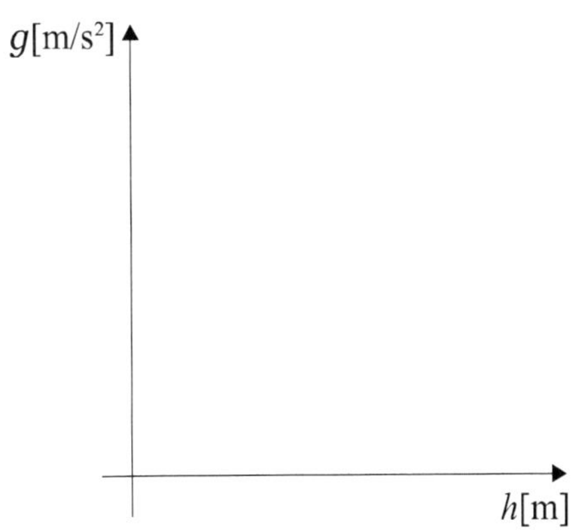

[그래프 2] 낙하높이에 따른 중력가속도

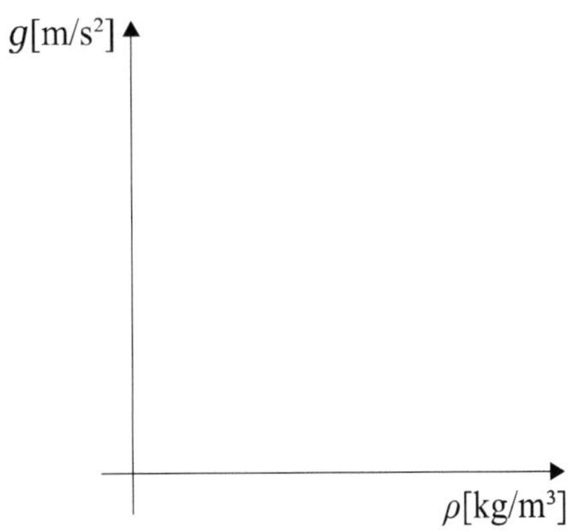

[그래프 3] 공의 밀도에 따른 중력가속도

질문 1. 낙하높이에 따른 중력가속도를 알아보자.

질문 2. 공의 밀도에 따른 중력가속도 g값의 차이를 알아보자.

2. 실험결과에 대한 논의

실험2 포물선운동

1. 목적

임의의 각도에서 발사되는 공의 순간속도와 공의 비행시간을 측정하여 수평 도달거리가 최대인 발사각도를 구해 보자.

2. 이론

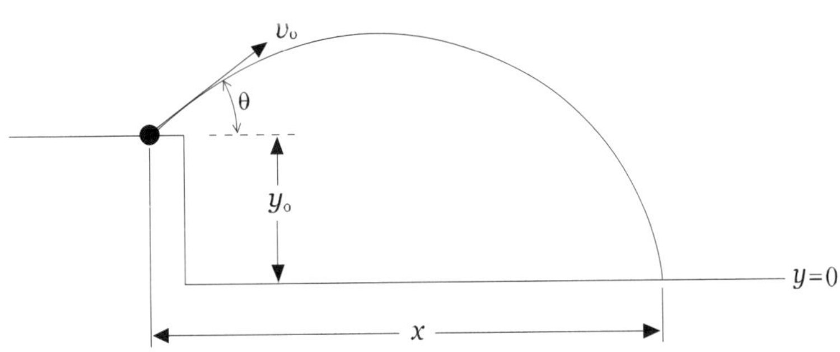

[그림 1] 수직위치 y_0에서 발사한 공의 궤적

[그림 1]과 같이 속력 v_0로 지면과의 각도가 θ인 방향으로 발사된 공은 포물선운동을 하며 날아가 지면에 도달한다. 시간 t가 흐른 뒤에 공의 높이 $y(t)$는 수직 방향 속력 $v_0\sin\theta$와

중력가속도 g에 관한 식

$$y = y_0 + (v_0\sin\theta)\mathrm{t} - \frac{1}{2}\mathrm{gt}^2 \tag{1}$$

이 된다. 이때 y_0는 공의 처음 수직 위치이다. 그리고 시간 t 동안 공이 날아간 수평거리 $x(t)$는 속력의 수평성분 $v_0\cos\theta$에 관한 식

$$x = (v_0\cos\theta)\mathrm{t} \tag{2}$$

로 나타낸다. 따라서 식 (1)과 식 (2)로부터 수직거리 y와 수평거리 x의 관계를 식 (3)과 같이 구할 수 있다.

$$t = \frac{x}{v_0\cos\theta}$$
$$y = \tan\theta x - \left[\frac{g}{2(v_0\cos\theta)^2}\right]x^2 \tag{3}$$

한편, 공의 수직 방향 운동은 중력가속도 g에 의한 등가속도운동이다. 공이 최고점(peak)에 도달하는 순간(t_{peak}) 공의 수직 방향 속도는 0이므로 식 (4)와 같은 등식이 성립한다.

$$v_y = 0 = v_0\sin\theta - gt_{peak} \tag{4}$$

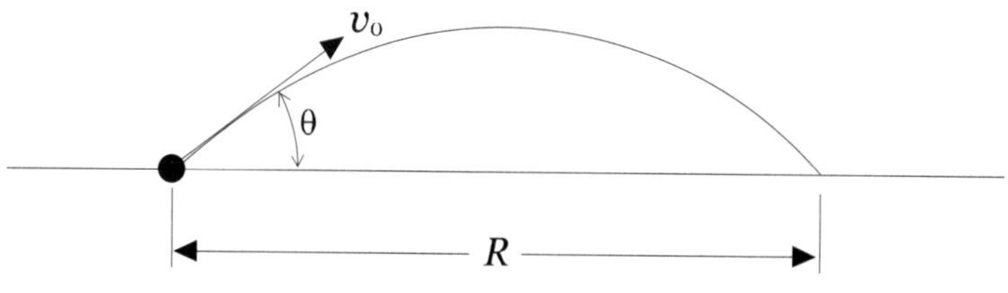

[그림 2] 지면에서 발사한 공의 궤적

[그림 2]와 같이 지면에서 발사한 공은 최고점에 도달한 후 다시 아래 방향으로 포물선운동을 한다. 이때 공이 최고점에 도달한 시간과 다시 지면에 도달하는 데 걸린 시간은 같다. 따라서 공의 비행시간은 최고점에 도달한 시간의 2배인 $2t_{peak}$이며, 식 (5)와 같다. 이 시간을

이용하여 공이 날아간 수평거리 R을 식 (6)과 같이 구한다.

$$t = 2t_{peak} = 2\frac{v_0 \sin\theta}{g} \tag{5}$$

$$R = (v_0 \cos\theta)t = \frac{v_0^2 \sin 2\theta}{g} \tag{6}$$

3. 실험장치

인터페이스, 컴퓨터, 포토게이드, 높이 조절 상자, 비행시간 측정판, 발사대

4. 실험방법

1) 수평면에서 각도에 따른 공의 비행시간과 수평거리, 최고높이

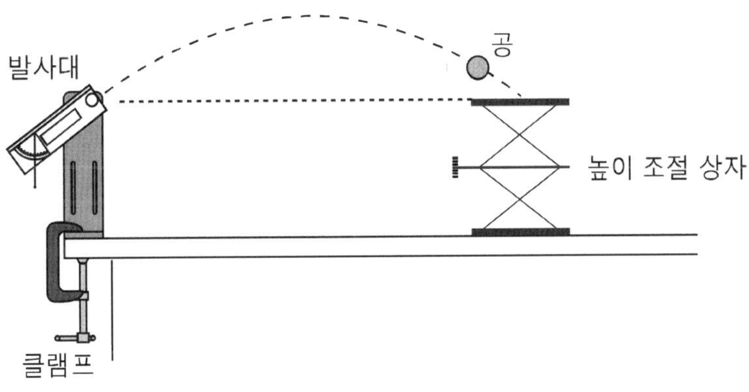

[그림 3] 지면에서 발사한 공의 궤적 실험장치

① 발사대를 실험대의 한쪽 끝에 고정하고 발사기의 각도를 45°로 조정한다. 포토게이트 고정막대(브래킷)를 발사대에 장착한 후 고정막대에 포토게이트 1개를 붙인다. 인터페이스의 USB 포트를 노트북에 연결하고 포토게이트의 플러그를 인터페이스에 연결한다.

② 왼쪽의 Tools 상단의 Hardware Setup(Hardware Setup)을 눌러 인터페이스와 센서가 잘 연결되어

있는지 확인한다. 연결이 잘되었다면 아래 그림과 같이 나타난다. 장치가 연결되어 있지 않으면 느낌표로 표시된다. 포토게이트가 연결되어 있지 않은 경우는 1번을 클릭하여 포토게이트를 선택한다.

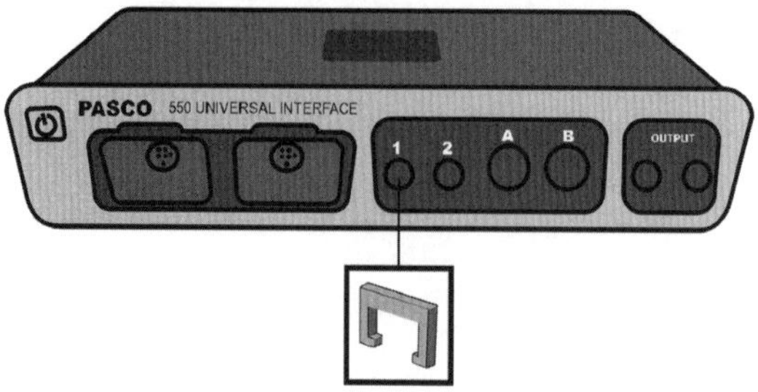

③ 화면 왼쪽 Timer setup 아이콘을 클릭한다.

1번 항목: Pre Configured Timer 아이콘 선택

2번 항목: photogate ch1 확인

3번 항목: Select a Timer 클릭 → One Photogate(Single Flag) 옵션 선택 → [next]

4번 항목: 측정하고자 하는 실험값(State Time in gate Speed) 체크

5번 항목: Flag Width에 공의 지름값(0.025m) 입력 후 [next]

6번 항목: 변동사항 없음 [Finish] → [Save]

④ 발사대에 플라스틱 공을 넣는다. 공이 포토게이트 사이를 지나가는 시간을 측정하기 위해 Digit에서 Time in gate(s)를 확인한다. 오차가 크게 나타날 경우 i) Time in Gate의 Digit 단위를 클릭하여 ms로 바꾸거나 ii) Digit 클릭 시 Digit 위쪽에 나타나는 아이콘을 클릭하여 유효숫자를 늘려 재측정한다.

⑤ 파일 하단의 Record()를 클릭하고 발사대의 실을 당겨 플라스틱 공을 발사시킨다. Stop()을 클릭하여 측정을 완료한다.

⑥ 측정한 시간과 공의 지름을 이용하여 공의 속력을 계산한다.

⑦ 왼쪽의 Tools 중 상위에 있는 Hardware Setup 아이콘()을 선택하여 인터페이스와 센서의 연결을 확인한다. 연결이 잘되었다면 다음 그림과 같이 나타난다. 센서가 연결되지 않은 경우 1번을 클릭하여 포토게이트를 선택하고 2번을 클릭하여 Time of flight Accessory를 선택한다.

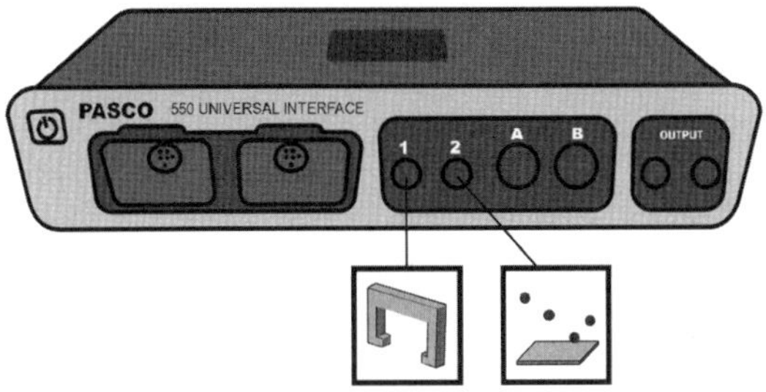

⑧ Timer setup 아이콘을 클릭한다. 순간속도 측정의 셋업과 비슷하다.

1번 항목: Pre Configured Timer 아이콘 선택

2번 항목: timing devices에 Time of Flight Accessory와 포토게이트가 나타난다.

3번 항목: Select a Timer 클릭→ Time of Flight(1gate) 선택 → [next] 클릭

4번 항목: Time of Flight에 체크 → [next]

5번, 6번 항목: 변동사항 없음 [Finish] → [Save]

⑨ 발사기의 각도를 15°로 조정한다. [그림 3]과 같이 높이 조절 상자를 발사대 입구와 같은 높이가 되도록 조절한다. 공이 상자의 어디로 떨어지는지 보기 위해 한 발을 쏘아 본다. 공이 떨어지는 곳에 흰 종이를 테이프로 붙인다. 종이 위에 먹지의 검은 부분이 아래로 향하게 놓는다.

⑩ 약 5발을 발사한다.

⑪ 발사대 입구부터 공이 떨어진 위치까지의 수평거리를 측정하고, 공이 날아간 수평거리의 평균을 계산하여 표에 적는다.

⑫ 공의 속력을 이용하여 수평거리와 비행시간을 이론적으로 계산하고 실험값과 비교한다. 비행시간을 이용하여 최고높이를 계산하여 표에 적는다.

⑬ 공의 발사각도를 5°씩 증가시키며 ①~⑩을 반복한다.

⑭ 공의 발사각도를 x축으로 하고 측정한 비행시간, 수평거리, 최고높이를 y축으로 하는 그래프를 이론값과 같이 그린다. 이 그래프에서 최대 수평거리를 나타내는 각도를 찾아 이론적으로 구한 각도와 비교한다.

⑮ 공의 속력을 변경하여 ①~⑩을 반복한다.

2) 수직위치 y_0에서 발사한 공의 궤적

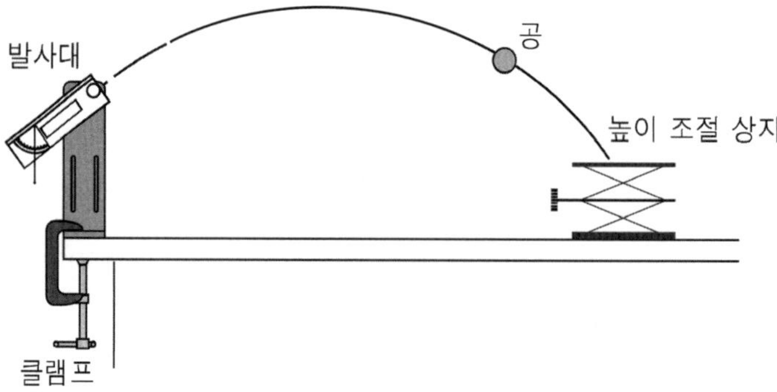

[그림 4] 수직높이가 있는 경우의 각도에 따른 비행시간 실험장치

① 1)의 ①~⑥과 같이 공의 속력을 측정한다.

② 높이 조절 상자의 높이를 낮추어서 [그림 4]와 같이 공발사대의 수직높이가 있도록 실험 장치를 설치한다. 발사기의 각도를 15°로 조정하고 비행시간 측정판 1개와 포토게이트 플러그를 인터페이스에 연결한다.

③ 1)의 ⑦~⑨와 같이 공의 비행시간을 측정하는 셋업을 설정한다.

④ 발사대의 입구에서부터 바닥까지의 수직거리를 측정한다.

⑤ 속력과 측정한 수직거리를 사용하여 임의의 각도에서 비행시간과 수평거리, 최고높이에 대한 이론값을 계산한다.

⑥ 공이 상자의 어디로 떨어지는지 보기 위해 한 발을 쏘아 본다. 공이 떨어지는 곳에 비행시간 측정판(Time of Flight apparatus)을 놓는다.

⑦ 화면의 Digit에서 Time of Flight를 확인한다. Time of Flight는 포토게이트를 지난 공이 비행시간 측정판에 떨어질 때까지의 시간을 측정하는 것이다. 오차가 크게 날 경우, 1)의 ④와 같이 세팅하고 재측정한다.

⑧ Record( )를 클릭하고 발사대의 실을 당겨 플라스틱 공을 발사시킨다. Stop( )을 클릭하여 측정을 완료한다.

⑨ 공을 다섯 번 발사하여 공이 날아가는 시간(Time of Flight)을 측정하고 평균값을 구한다. 측정된 비행시간을 이용하여 최고높이를 계산한다.

⑩ 발사대의 입구에서 공 도착지점까지의 수평거리를 측정하여 평균값을 구한다.

⑪ 측정한 비행시간, 수평거리, 최고높이를 이론값과 비교한다.

⑫ 공의 발사각도를 5°씩 증가시키며 ①~⑩ 실험을 반복한다.

⑬ 공의 발사각도를 x축으로 하고 비행시간, 수평거리, 최고높이를 y축으로 하여 그래프를 이론값과 같이 그린다. 이 그래프에서 최대 수평거리를 나타내는 각도를 찾아 이론적으로 구한 각도와 비교한다.

결과보고서 2. 포물선운동

학과 : 학번 : 이름 :

실험 날짜 : 공동 실험자 :

1. 실험결과 및 분석

1) 지면에서 발사한 공의 궤적

초기속도 = m/s

[표 1] 수평면에서 각도에 따른 공의 비행시간과 수평거리, 최고높이

각도 [°]	비행시간[s]			수평거리[m]			최고높이[m]		
	실험값	이론값	오차 [%]	실험값	이론값	오차[%]	계산값	이론값	오차 [%]
15									
20									
25									
30									
35									
40									
45									
50									
55									
60									
65									
70									
75									

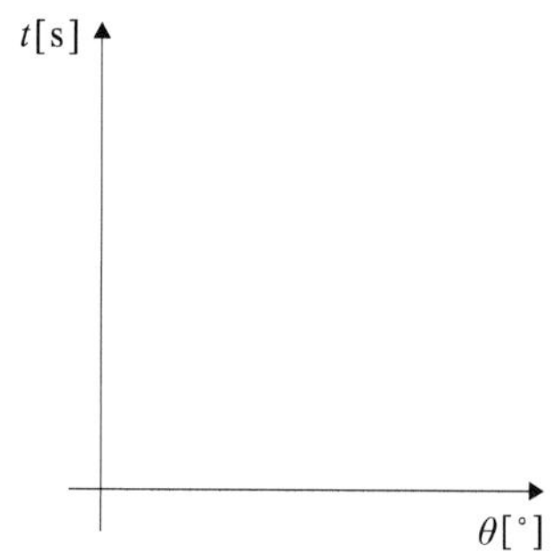

[그래프 1] 수평면에서의 각도와 비행시간

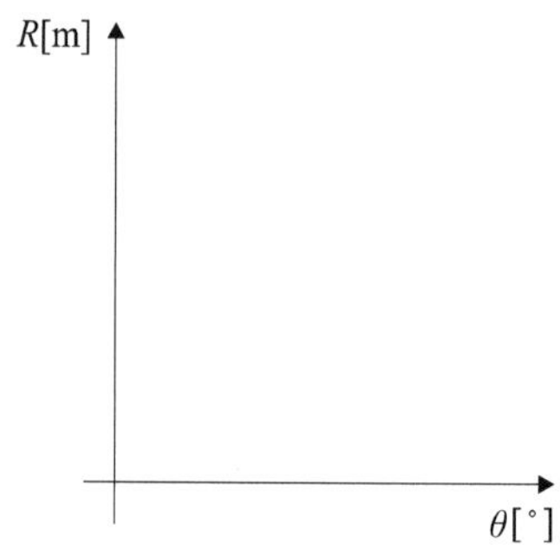

[그래프 2] 수평면에서의 각도와 수평거리

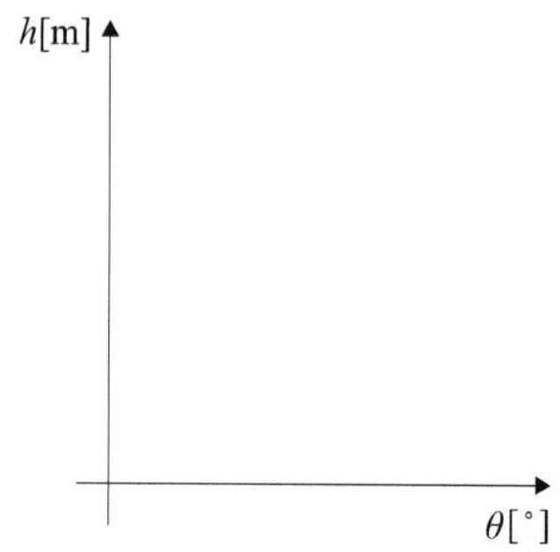

[그래프 3] 수평면에서 각도와 공의 최고높이

질문 1. 수평면에서 공의 발사각도와 비행시간의 관계를 알아보자.

질문 2. 수평면에서 공의 발사각도와 수평거리의 관계를 알아보자.

질문 3. 수평면에서 공의 발사각도와 최고높이의 관계를 알아보자.

2) 수직위치 y_0에서 발사한 공의 궤적

측정한 수직거리 = m

초기속도 = m/s

[표 2] 수직높이가 있는 경우의 각도에 따른 공의 비행시간과 수평거리, 최고높이

각도[°]	비행시간[s]			수평거리[m]			최고높이[m]		
	실험값	이론값	오차[%]	실험값	이론값	오차[%]	계산값	이론값	오차[%]
15									
20									
25									
30									
35									
40									
45									
50									
55									
60									
65									
70									
75									

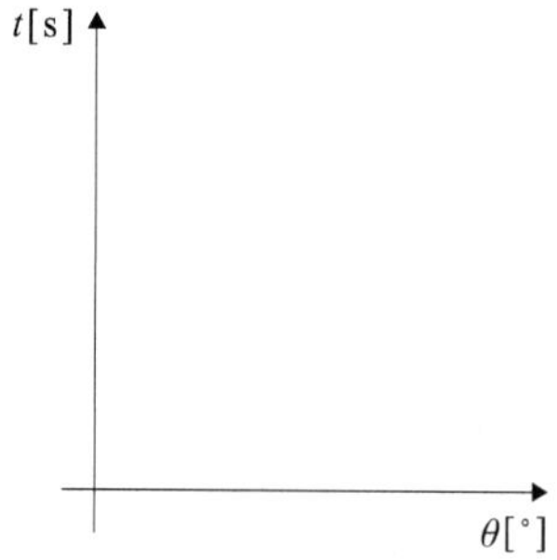

[그래프 4] 수직높이가 있는 경우의 각도와 비행시간

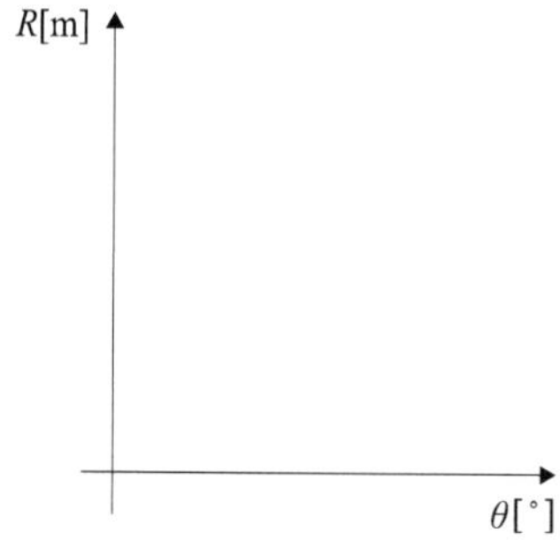

[그래프 5] 수직높이가 있는 경우의 각도와 수평거리

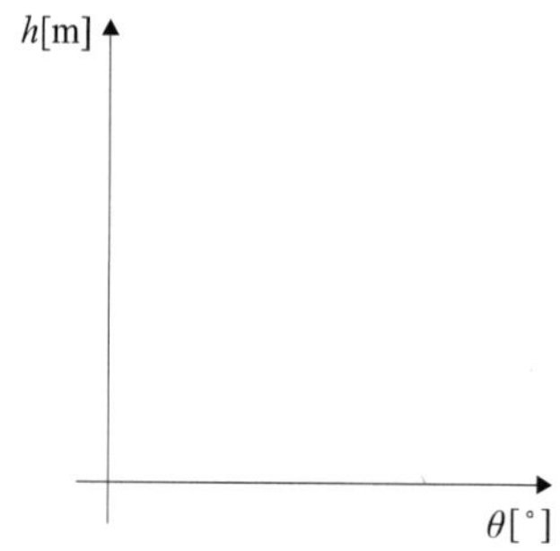

[그래프 6] 수직높이가 있는 경우의 각도와 공의 최고높이

질문 1. 수직높이가 있는 경우 수평면에서의 공의 발사각도와 비행시간의 관계를 알아보자.

질문 2. 수직높이가 있는 경우 수평면에서의 공의 발사각도와 수평거리의 관계를 알아보자.

질문 3. 수직높이가 있는 경우 수평면에서의 공의 발사각도와 최고높이의 관계를 알아보자.

2. 실험결과에 대한 논의

실험3 힘과 가속도

1. 목적

물체의 질량이 일정할 때 물체에 작용하는 힘과 가속도의 관계를 알아보자.

2. 이론

여러 가지 힘이 물체에 동시에 작용할 때 물체의 운동은 물체에 작용하는 모든 힘의 벡터합에 의해 결정된다. 뉴턴의 제1법칙은 물체에 작용하는 외력이 없을 경우 물체의 속도는 변하지 않는다는 것이다. 뉴턴의 제2법칙은 외력이 물체에 작용할 때 물체의 운동을 설명하는 것이다. 야구공의 궤적에서부터 행성의 궤도운동에 이르기까지 물체에 작용하는 힘에 의해 변화하는 모든 형태의 운동을 설명할 수 있다. 물체의 가속도는 물체에 가해지는 힘의 방향으로 작용하며 외력의 크기에 비례하고 질량에는 반비례한다. 물체에 힘이 작용하는 동안 물체의 속도는 변하며 힘이 커질수록 가속도가 증가한다. 그리고 물체에 작용하는 힘이 일정하다면 물체의 질량이 증가할수록 가속도는 감소한다.

뉴턴의 제1법칙: $\sum \vec{F} = 0$

뉴턴의 제2법칙: $\sum \vec{F} = m\vec{a}$

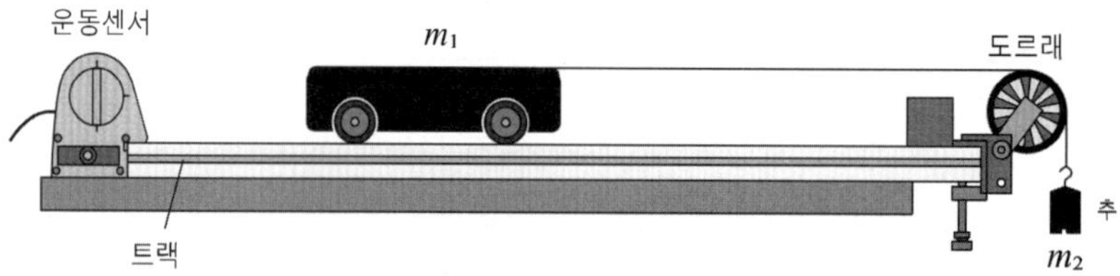

[그림 1] 실험장치

[그림 1]과 같은 실험장치에서 추에 작용하는 중력($=m_2g$)의 외력에 의해 두 물체 m_1과 m_2는 가속도 a로 가속된다. 카트와 트랙 사이의 마찰을 무시하고 뉴턴의 제2법칙으로 표현하면 식 (1)과 같다.

$$F=m_2g, \quad M=m_1+m_2$$
$$F=Ma$$
$$m_2g=(m_1+m_2)a \tag{1}$$

실제 실험에서는 약간의 마찰이 존재한다. 만약 운동마찰계수를 μ_k라고 하면 운동마찰력은 $\mu_k m_1 g$이다. 운동마찰력을 포함한 뉴턴의 제2법칙은 식 (2)와 같다.

$$\sum F=m_2g-\mu_k m_1 g=(m_1+m_2)a$$
$$m_2g-\mu_k m_1 g=(m_1+m_2)a \tag{2}$$

식 (2)에서 운동마찰계수(μ_k)와 외력(m_2g)이 일정하다면, m_1과 m_2를 합한 전체 질량과 가속도 사이의 관계를 알 수 있다. 식 (3)에서 m_1과 m_2를 합한 전체 질량이 일정하다고 가정하면, 카트의 질량(m_1)이 증가할수록 카트의 가속도(a)가 감소한다. 운동마찰계수(μ_k)는 카트의 질량(m_1)과 가속도(a) 그래프의 기울기에서 구할 수 있다.

$$\begin{aligned} a &= \frac{1}{(m_1+m_2)}\left[m_2g-\mu_k m_1 g\right] \\ &= \frac{1}{(m_1+m_2)}\left[(m_1+m_2)g-m_1g-\mu_k m_1 g\right] \\ &= g-\left(\frac{\mu_k+1}{m_1+m_2}\right)m_1 g \end{aligned} \tag{3}$$

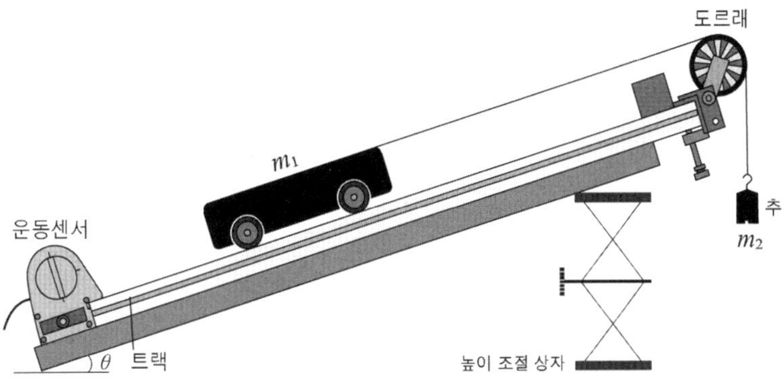

[그림 2] 경사면 실험

[그림 2]와 같이 경사각이 θ인 실험장치에서 추에 작용하는 중력($=m_2g$)과 m_2에 작용하는 힘 ($=m_2g\sin\theta$)에 의해 두 물체 m_1과 m_2는 가속도 a로 가속된다. 카트와 트랙 사이의 마찰을 무시하고 뉴턴의 제2법칙으로 표현하면 식 (4)와 같다.

$$
\begin{aligned}
&F = m_2g - m_1g\sin\theta \\
&M = m_1 + m_2 \\
&F = Ma \\
&m_2g - m_1g\sin\theta = (m_1 + m_2)a
\end{aligned} \tag{4}
$$

실제 실험에서는 약간의 마찰이 존재한다. 만약 운동마찰계수를 μ_k라고 하면 운동마찰력은 $\mu_k m_1 g\cos\theta$이다. 운동마찰력을 포함한 뉴턴의 제2법칙은 식 (5)와 같다.

$$
\begin{aligned}
&\sum F = m_2g - m_1g\sin\theta - \mu_k m_1 g\cos\theta = (m_1 + m_2)a \\
&m_2g - m_1g\sin\theta - \mu_k m_1 g\cos\theta = (m_1 + m_2)a
\end{aligned} \tag{5}
$$

m_1과 m_2를 합한 전체 질량이 일정하다고 가정하면, 식 (6)에서 카트의 질량(m_1)이 증가할수록 카트의 가속도(a)가 음으로 감소한다. 경사각을 알고 있다면, 카트의 질량(m_1)과 가속도(a) 그래프의 기울기에서 운동마찰계수 μ_k를 구할 수 있다.

$$
\begin{aligned}
a &= \frac{1}{(m_1 + m_2)}\left[m_2g - m_1g\sin\theta - \mu_k m_1 g\cos\theta\right] \\
&= \frac{m_2g}{(m_1 + m_2)} - \frac{g\sin\theta + \mu_k g\cos\theta}{(m_1 + m_2)}m_1
\end{aligned} \tag{6}
$$

3. 실험장치

인터페이스, 컴퓨터, 운동센서, 1.2m 트랙, 카트, 클램프가 달린 도르래, 질량 세트, 줄, 높이 조절 상자

4. 실험방법

1) 수평면에서의 뉴턴의 제2법칙 실험

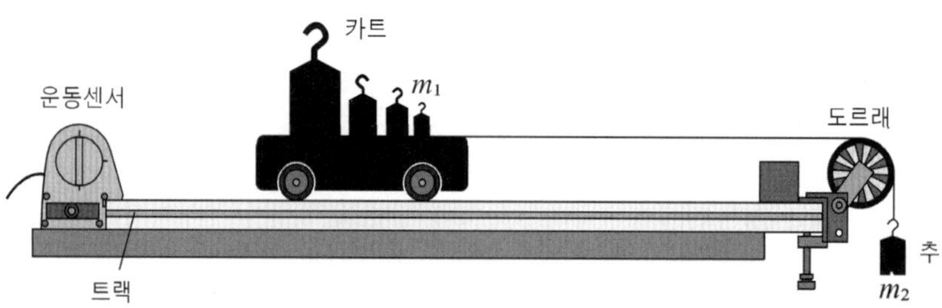

[그림 3] 수평면에서의 뉴턴의 제2법칙 실험장치

① [그림 3]과 같이 실험장치와 인터페이스를 설치한다. 운동센서 맨 위에 있는 범위 선택 스위치를 근접(near)으로 설정한다.

② 왼쪽의 Tools 중 상위에 있는 Hardware Setup(Hardware Setup)을 눌러 인터페이스와 센서들이 잘 연결되어 있는지 확인한다. 연결이 잘되었다면 아래 그림과 같이 나타난다. 장치가 연결되어 있지 않으면 느낌표로 표시된다. '속도(m/s)-시간(s)' 그래프 화면에서 fitting 아이콘( )을 선택하여 가속도를 구할 수 있다.

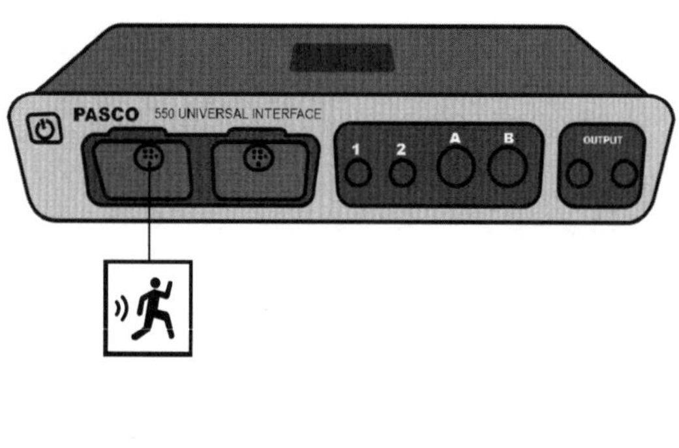

③ 카트에 100g의 추를 더하고 카트와 추를 합한 질량 m_1을 측정하여 표에 기록한다.

④ 트랙을 수평면에 평평하게 설치하고 카트를 트랙 위에 놓는다. 평형계로 트랙이 수평이 되도록 높이를 조절한다.

⑤ 트랙의 한쪽 끝에 운동센서를 부착하고 다른 쪽 끝에는 클램프가 달린 도르래를 설치한다. 이때 도르래 앞에는 블록을 설치하여 카트가 도르래에 부딪히는 것을 방지한다.

⑥ 카트를 트랙 위에 두고 센서가 카트를 겨냥하도록 조준한다.

⑦ 바닥에서 도르래 상단까지의 길이보다 약 20cm 긴 줄을 준비한다. 카트 끝에 줄을 묶고 도르래 위로 줄을 건 다음 줄의 끝에 5g인 추걸이를 묶는다.

⑧ 10g 질량인 추를 추걸이에 매달고 추와 추걸이를 합한 질량(m_2)을 측정하여 기록한다.

⑨ 줄에 매달린 추걸이가 도르래 바로 아래로 오도록 카트를 뒤로 당긴다. 이때 카트는 센서에서 최소 15cm 정도 떨어져 있어야 한다.

⑩ Record( )를 눌러 데이터 기록을 시작한다. 카트를 놓아 도르래 쪽으로 움직이게 한다.

⑪ 카트가 트랙 끝에 도달하면 바로 Record( )를 눌러 기록을 종료한다. '속도(m/s)-시간(s)' 그래프 화면에서 fitting 아이콘( )을 선택하여 가속도를 구한다. 실험적으로 구한 가속도와 이론적으로 계산한 가속도를 비교한다.

⑫ 카트 위에 있는 질량 중 20g 추를 추걸이 쪽으로 이동시킨다. 질량 m_1, m_2를 표에 기록하고 ①~⑪ 실험을 반복한다.

2) 경사면에서의 뉴턴의 제2법칙 실험

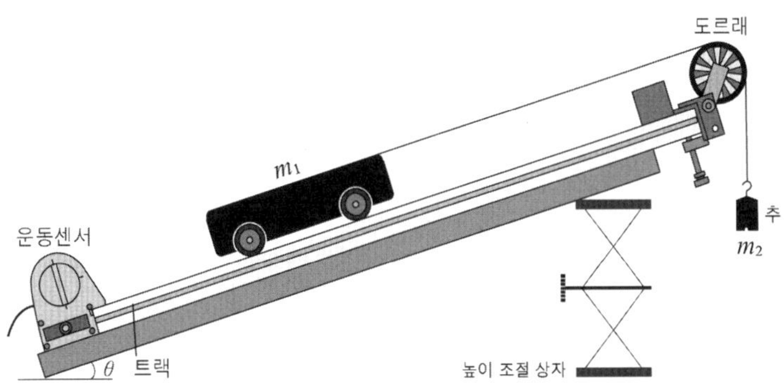

[그림 4] 경사면에서의 뉴턴의 제2법칙 실험장치

① [그림 4]와 같이 실험장치와 인터페이스를 설치한다. 운동센서 맨 위에 있는 범위 선택 스위치를 근접(near)으로 설정한다.

② 수평면에서의 실험인 1)의 ②~⑫와 동일하게 실험한다.

결과보고서 3. 힘과 가속도

학과 : 학번 : 이름 :

실험 날짜 : 공동 실험자 :

1. 실험결과 및 분석

1) 수평면에서의 실험

[표 1] 수평면에서의 외력과 가속도

카트 m_1[kg]	추 m_2[kg]	전체 질량 $m_1 + m_2$[kg]	외력 $m_2 g$[N]	가속도 a		
				실험값	이론값	오차[%]

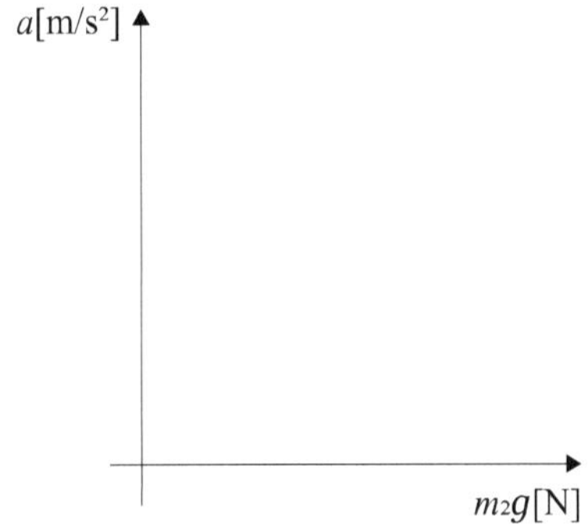

[그래프 1] 외력과 가속도

기울기 =

물체의 전체 질량 = kg

오차 = %

질문. m_2 질량에 작용하는 외력과 가속도의 관계를 알아보자.

2) 경사면에서의 실험

[표 2] 경사면에서 물체에 작용하는 외력과 가속도

카트 $m_1[\mathrm{kg}]$	추 $m_2[\mathrm{kg}]$	전체 질량 $m_1+m_2[\mathrm{kg}]$	외력 $m_2g[\mathrm{N}]$	외력 $m_1g\sin\theta[\mathrm{N}]$	가속도 a		
					실험값	이론값	오차[%]

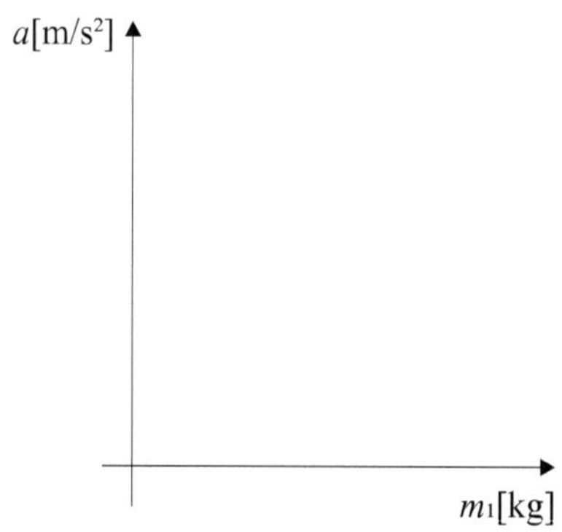

[그래프 2] 질량과 가속도

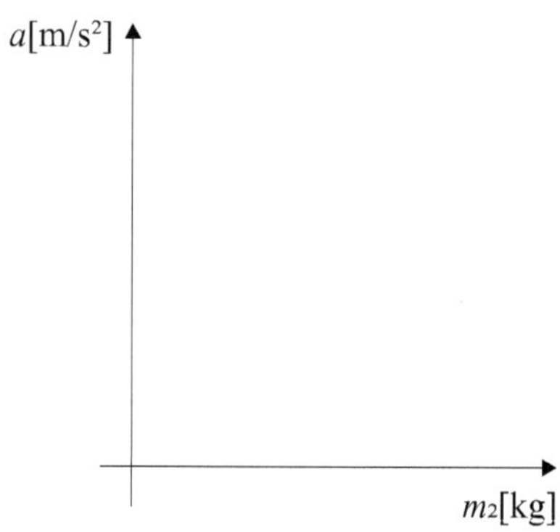

[그래프 3] 질량과 가속도

질문 1. 매달린 물체에 작용하는 중력과 가속도의 관계를 알아보자.

질문 2. 카트의 질량과 가속도의 관계를 알아보자.

질문 3. 카트의 마찰력과 가속도의 관계를 알아보자.

2. 실험결과에 대한 논의

실험4 작용과 반작용

1. 목적

두 물체가 상호작용할 때에 두 물체에 작용하는 작용력과 반작용력을 알아보자.

2. 이론

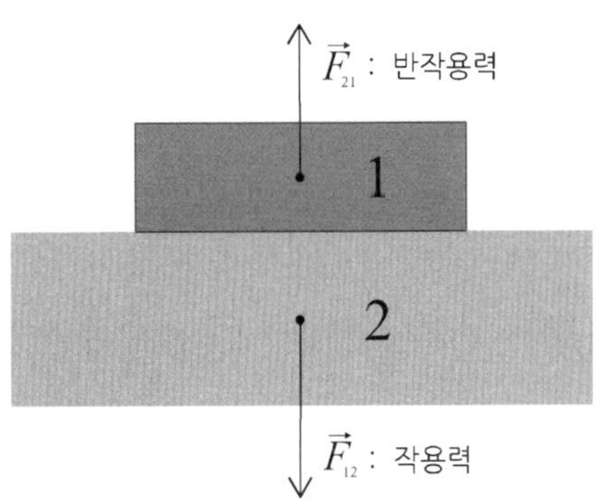

[그림 1] 작용력과 반작용력

[그림 1]과 같이 1번 물체를 2번 물체위에 놓아두면 1번 물체가 2번 물체를 아래 방향으로 누르는 힘 $\vec{F}_{12}$와 2번 물체가 1번 물체를 위 방향으로 떠받치는 힘 $\vec{F}_{21}$이 작용한다. 1번 물체가 2번 물체에 작용하는 힘 $\vec{F}_{12}$를 작용력이라고 하면 반대 방향의 $\vec{F}_{21}$을 반작용력이라고 한다. 두 힘은 크기가 같고 방향은 반대이며 인가해 주는 힘의 대상 물체 즉 작용점이 다르다.

이와 같이 서로 다른 두 물체에 작용하는 힘의 관계를 뉴턴의 제3법칙인 작용 반작용의 법칙이라 부른다. 즉 두 물체가 상호작용할 때 물체 1이 물체 2에 작용하는 힘 $\vec{F}_{12}$는 물체 2가 물체 1에 작용하는 힘 $\vec{F}_{21}$과 크기는 같고 방향은 반대이다. 작용 반작용의 법칙은 식 (1)과 같다.

$$\vec{F}_{12} = -\vec{F}_{21}, \quad |\vec{F}_{12}| = |\vec{F}_{21}| \tag{1}$$

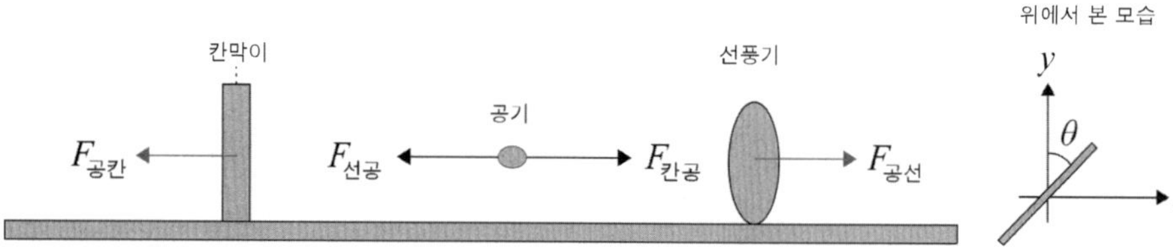

[그림 2] 트랙 위에 선풍기와 칸막이가 있는 카트 실험에서 작용하는 힘

트랙 위에 선풍기와 칸막이가 있는 카트 실험으로 뉴턴의 제3법칙을 살펴보자. [그림 2]는 실험에서 작용하는 힘을 나타낸다. 선풍기가 회전할 경우, 선풍기가 공기 입자에 작용하는 힘은 $F_{선공}$이고, 뉴턴의 제3법칙에 의하여 공기가 선풍기에 작용하는 힘은 $F_{공선}$이다. $F_{선공}$에 의해 밀린 공기는 움직여서 칸막이에 $F_{공칸}$의 힘을 작용하며, 반작용으로 칸막이도 공기에 $F_{칸공}$을 작용한다. 선풍기와 칸막이는 카트에 고정되어 있으므로, 카트에 작용하는 힘은 선풍기와 칸막이에 작용하는 힘과 마찰력의 합력이다. [그림 2]의 오른쪽과 같이 카트가 트랙 위에서 움직이는 방향을 x, 수직 방향을 y라 하고, 칸막이와 y방향 사이의 각을 θ라 하자. 카트가 트랙 위에서 x방향으로 움직이므로 x방향으로 작용하는 힘만 고려하면 된다.

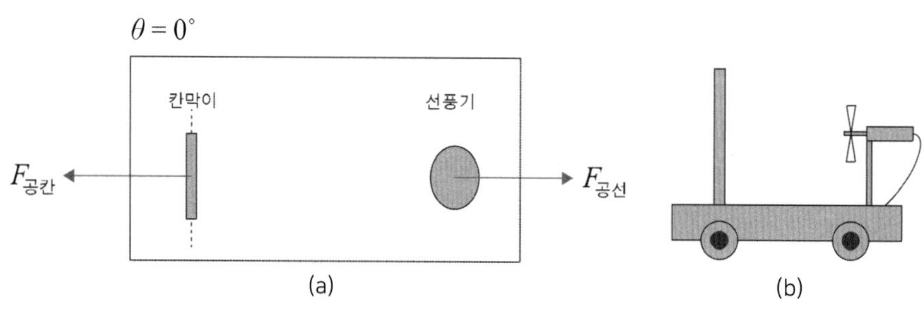

[그림 3] (a) 0°인 경우 위에서 본 모습, (b) 실험장치 사진

[그림 3]과 같이 $\theta = 0^{\circ}$인 경우, 공기가 선풍기에 작용하는 힘과 공기가 칸막이에 작용하는 힘은 크기가 같고 방향이 반대이므로 카트에 작용하는 전체 힘은 식 (2)와 같이 0이고, 카트는 움직이지 않는다. 여기서 a_0은 $\theta = 0^{\circ}$일 때 카트의 가속도이다.

$$\sum F_x = F_{공선} - F_{공칸} = 0 = ma_0 \quad (2)$$

카트에 작용하는 가속도는 0이다. 카트에 작용하는 알짜힘이 0이므로 카트에 작용하는 정지마찰력은 0이다.

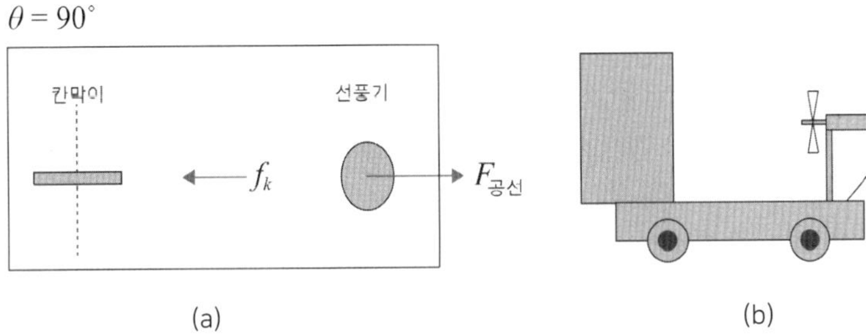

[그림 4] (a) $\theta = 90^{\circ}$인 경우 위에서 본 모습, (b) 실험장치 사진

[그림 4]는 $\theta = 90^{\circ}$인 경우이다. 공기가 선풍기에 작용하는 힘은 $\theta = 0^{\circ}$인 경우와 마찬가지로 $F_{공선}$이지만, 공기의 이동 방향과 칸막이가 평행하므로 칸막이의 두께를 무시한다면 공기가 칸막이에 작용하는 힘 $F_{공칸}$은 0이다. 카트에 작용하는 전체 힘은 $F_{공선}$과 운동마찰력 f_k의 합으로 식 (3)과 같다. 여기서 a_{90}은 $\theta = 90^{\circ}$일 때 카트의 가속도이다.

$$\sum F = F_{공선} - f_k = ma_{90} \quad (3)$$

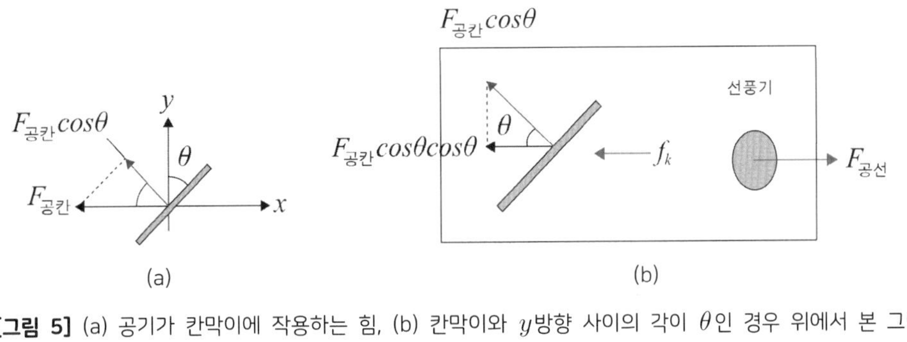

[그림 5] (a) 공기가 칸막이에 작용하는 힘, (b) 칸막이와 y방향 사이의 각이 θ인 경우 위에서 본 그림

칸막이와 y방향 사이의 각이 θ인 일반적인 상황을 살펴보자. 공기가 선풍기에 작용하는 힘은 $\theta=0°$인 경우와 마찬가지로 $F_{공선}$이지만, 칸막이에 작용하는 힘은 공기가 칸막이에 작용하는 힘 $F_{공칸}$과 칸막이 면의 수직인 면벡터가 이루는 각도에 따라 달라진다. [그림 5(a)]와 같이 $F_{공칸}$ 중 칸막이 면과 평행한 방향으로는 힘이 작용하지 않고, 칸막이 면과 수직인 면벡터 방향으로만 힘이 작용한다. 즉, 공기가 칸막이에 작용하는 힘은 $F_{공칸}\cos\theta$이다.

[그림 5(b)]와 같이 카트는 x방향으로 움직이므로 카트에 작용하는 전체 힘은 공기가 칸막이에 x방향으로 작용하는 힘인 $(F_{공칸}\cos\theta)\cos\theta$와 $F_{공선}$, 운동마찰력 f_k의 합으로 식 (4)와 같다.

$$\sum F_x = F_{공선} - \left(F_{공칸} \times \cos^2\theta\right) - \mathrm{f_k} = \mathrm{F}_{공선} \times \sin^2\theta - \mathrm{f_k} = \mathrm{ma}_\theta \qquad \textbf{(4)}$$

3. 실험장치

인터페이스, 운동센서, 1.2m 트랙, 선풍기와 칸막이가 설치된 카트

4. 실험방법

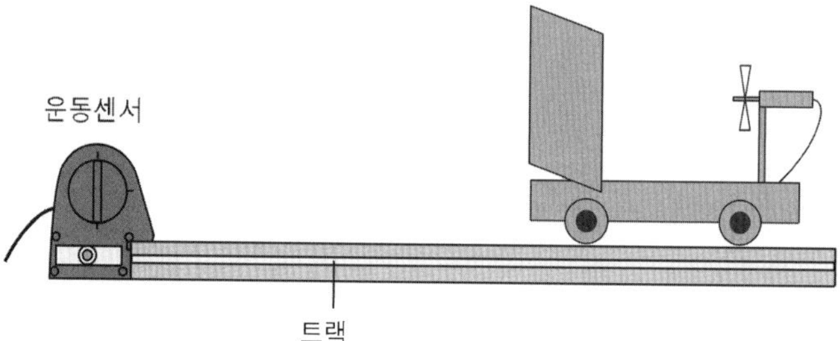

[그림 6] 트랙 위에 선풍기와 칸막이가 있는 카트의 운동 실험장치

① [그림 6]과 같이 트랙과 카트, 운동센서를 인터페이스와 함께 설치한다. 운동센서 윗면에 있는 범위 선택 스위치를 '근접(near)' 카트로 설정한다.

② 프로그램 왼쪽의 Tools 중 상위에 있는 Hardware Setup()을 눌러서 인터페이스와 센서가 잘 연결되어 있는지 확인한다. 연결이 잘되었다면 다음 그림과 같이 나타난다.

장치가 연결되어 있지 않으면 느낌표로 표시된다. 프로그램 오른쪽의 Tools 중 상위에 있는 Graph 아이콘을 드래그하여 '속도(m/s)-시간(s)' 그래프를 만든다.

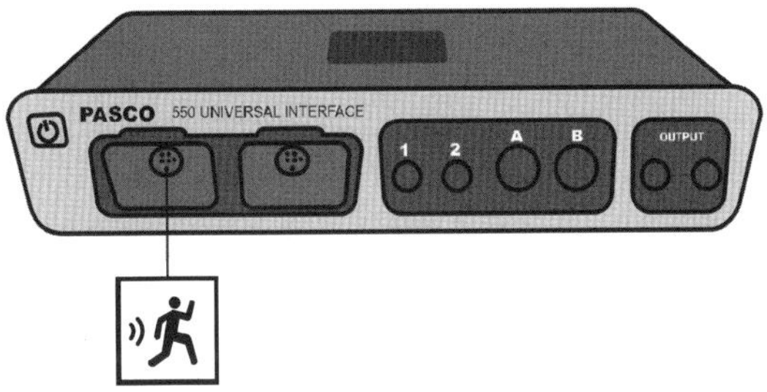

③ [그림 4(b)]와 같이 선풍기와 칸막이가 수직이 되도록($\theta = 90^{\circ}$) 칸막이를 설치한다.

④ Record( )를 눌러 데이터 기록을 시작하고 선풍기의 스위치를 켜서 카트가 움직이게 한다.

⑤ 카트가 트랙 끝에 도달하면 Record( )를 눌러 기록을 종료한다. '속도(m/s)-시간(s)' 그래프에서 fitting 아이콘( )을 사용하여 기울기(가속도)를 구한다.

⑥ 칸막이의 각도를 변경하면서 위의 실험을 반복하고, 칸막이의 각도에 따라 이론적으로 계산한 가속도와 비교해 보자.

⑦ 카트와 트랙 사이의 운동마찰력과 선풍기의 추진력, 운동마찰계수를 구해 보자.

결과보고서

결과보고서4. 작용과 반작용

학과 : 학번 : 이름 :

실험 날짜 : 공동 실험자 :

1. 실험결과 및 분석

[표 1] 카트에 설치된 칸막이의 각도와 가속도

카트의 질량[kg]	칸막이 각도[°]	가속도 실험값 $a[\mathrm{m/s^2}]$

운동마찰력 = N

운동마찰계수 =

선풍기의 추진력 = N

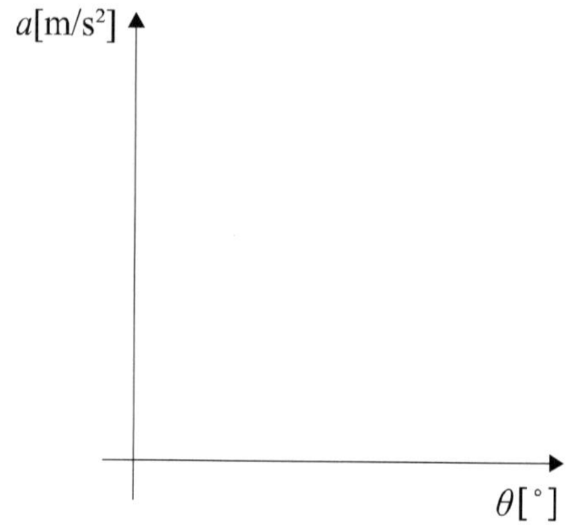

[그래프 1] 칸막이 각도와 가속도

질문 1. 카트에 설치된 칸막이 각도와 자동차에 작용하는 외력의 합의 관계를 알아보자.

질문 2. 카트에 설치된 칸막이 각도와 자동차의 가속도의 관계를 알아보자.

2. 실험결과에 대한 논의

실험5 힘의 평형

1. 목적

경사면에서 물체의 최대 정지마찰계수와 정적 평형상태에서 물체에 작용하는 힘에 대하여 알아보자.

2. 이론

마찰력은 두 물체의 면이 접촉하여 물체의 운동을 방해하는 저항력의 일종이다. 정지상태의 물체와 바닥면 사이에 작용하는 마찰력을 정지마찰력, 움직이는 물체와 바닥면 사이에 작용하는 마찰력을 운동마찰력이라 한다. 마찰력의 크기는 바닥면에 수직 방향으로 작용하는 수직항력(N)과 마찰계수(μ)의 곱으로 나타내며, 마찰력의 방향은 물체의 운동 방향과 반대이다.

정지마찰력은 정지한 물체에 작용하는 힘이 있을 때 나타난다. 수평면상의 물체에 최대 정지마찰력 이하의 힘이 작용하면, 정지마찰력은 작용하는 힘과 크기가 같고 방향이 반대이며 물체는 움직이지 않는다. 예를 들어 최대 정지마찰력이 10N인 정지한 물체에 1N의 힘이 작용하면 물체에 작용하는 정지마찰력은 1N이며, 2N의 힘이 작용하면 정지마찰력은 2N이다. 그러나 운동마찰력은 물체에 작용하는 힘과 상관없이 접촉면의 표면상태와 연관된 운동마찰계수와 물체의 수직항력과 관련이 있기 때문에 항상 일정하다.

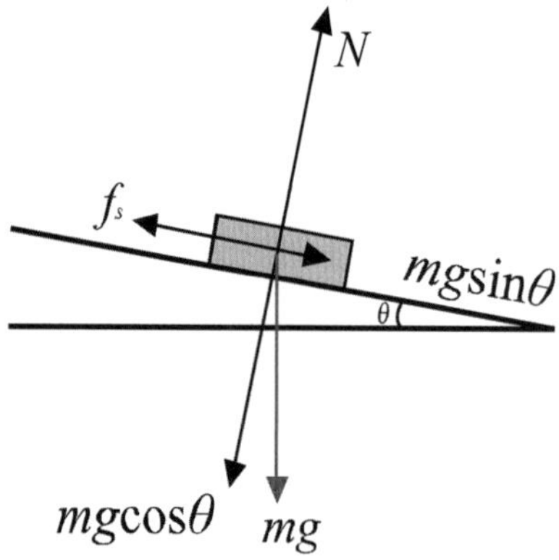

[그림 1] 경사각이 θ인 경사면에서 물체에 작용하는 힘

[그림 1]과 같이 경사각이 θ인 경사면에서 물체와 바닥 사이의 최대 정지마찰계수를 구해보자. 물체는 아래 방향으로 중력 mg가 작용하며, 물체의 수직항력 성분은 경사면과 수직 방향인 $mg\cos\theta$이다. 정지마찰력(f_s)은 정지마찰계수와 수직항력의 곱인 $f_s = \mu_s mg\cos\theta$이며, 여기서 μ_s는 정지마찰계수이다. 한편 물체에 작용하는 힘의 경사면에 평행한 성분은 $mg\sin\theta$이며, 경사면을 내려가는 방향으로 작용한다. 만약 최대 정지마찰력이 $mg\sin\theta$보다 크다면 $mg\sin\theta$가 정지마찰력과 같아져, $\mu_s mg\cos\theta \geq mg\sin\theta$인 경우에 물체는 정지해 있다. 따라서 최대 정지마찰계수는 경사각이 증가하고 물체에 작용하는 최대 정지마찰력이 $mg\sin\theta$와 같아지는 순간으로, 식 (1)과 같이 구할 수 있다.

$$\mu_{s,\max} mg\cos\theta = mg\sin\theta$$
$$\mu_{s,\max} = \tan\theta \tag{1}$$

만약 $mg\sin\theta$가 최대 정지마찰력보다 크면, 물체는 경사면을 따라 미끄러져 내려온다. 운동하는 물체에 작용하는 운동마찰력 $f_k = \mu_k mg\cos\theta$로 여기서 μ_k는 운동마찰계수이며, 운동마찰력은 최대 정지마찰력보다 작다. 경사면에서 미끄러지는 물체에 작용하는 힘은 경사면에 평행한 중력 성분인 $mg\sin\theta$와 운동마찰력의 합으로 식 (2)와 같으며, 이 힘에 의해 물체는 등가속도운동을 한다.

$$\sum F = mg\sin\theta - \mu_k mg\cos\theta \tag{2}$$

제14장 적분의 응용

1. (a) $\dfrac{1}{(2)-(-1)}\displaystyle\int_{-1}^{2}(3x+1)dx = \frac{1}{3}\left(\frac{3}{2}x^2 + x\right)\Bigg|_{-1}^{2} = \frac{1}{3}[6+2-\frac{3}{2}+1] = \frac{5}{2}$

(b) $\dfrac{1}{5-0}\displaystyle\int_{0}^{5}(3x^2 - x)dx = \frac{1}{5}\left(x^3 - \frac{x^2}{2}\right)\Bigg|_{0}^{5} = \frac{45}{2}$

2. $f(t) = 1{,}000e^{0.04t}$

평균 $= \dfrac{1}{2-0}\displaystyle\int_{0}^{2} f(t)dt = \frac{1}{2}\int_{0}^{2} 1{,}000e^{0.04t}dt = \frac{500}{0.04}e^{0.04t}\Bigg|_{0}^{2} = 1{,}041.088$

3. $p = 7$일 때의 Q값을 구해보면 $7 - 16 \quad Q^2$에서 $Q^* = 3$임을 알 수 있고, 따라서 소비자잉여는 다음과 같이 구할 수 있다.

$$\int_{0}^{3}(16 - Q^2)dQ - (7)(3) = 16Q - \frac{Q^3}{3}\Bigg|_{0}^{3} - 21 = 18$$

4. 수요와 공급이 일치될 때의 가격 p^*를 구해보면 $36 - \dfrac{p^2}{4} = 5p - 20$에서 $p^* = 8$임을 알 수 있고, 또한 $36 - \dfrac{p^2}{4} = 0 \Rightarrow p' = 12$일 때 수요가 0이 되므로 소비자잉여는 다음과 같이 구할 수 있다.

$$\int_{8}^{12}\left(36 - \frac{p^2}{4}\right)dp = 36p - \frac{p^3}{12}\Bigg|_{8}^{12} = 42.67$$

5. 시장가격이 300만원이므로 균형공급량은 $300 = 600 - 3q^2$을 이용하면 $q = 10$임을 알 수 있다. 수요함수를 적분하면 소비자잉여를 구할 수 있으므로,

$$\int_0^{10}(600-3q^2)dq-(300)(10)=(600q-q^3)\Big|_0^{10}-3{,}000$$
$$=6{,}000-1{,}000-3{,}000=2{,}000$$

이 도출된다.

6. 공급함수 $S(q)$가 가격을 의미하므로 균형공급량은 $20 = 2 + \frac{q^2}{50}$을 만족하는 $q = 30$이다. 생산자잉여는 다음 식을 통해 구할 수 있다.

$$\text{생산자잉여}=(20)(30)-\int_0^{30}\left[2+\frac{q^2}{50}\right]dq=600-\left[2q+\frac{q^3}{150}\right]_0^{30}$$
$$=600-60-180=360$$

7. 시장균형점을 구해보면 $\frac{24}{q+2} = -8 + 3q$에서 $3q^2 - 2q - 40 = 0$이 도출되어 $q = 4$임을 알 수 있고 균형가격 $p^* = \frac{24}{4+2} = 4$이다.

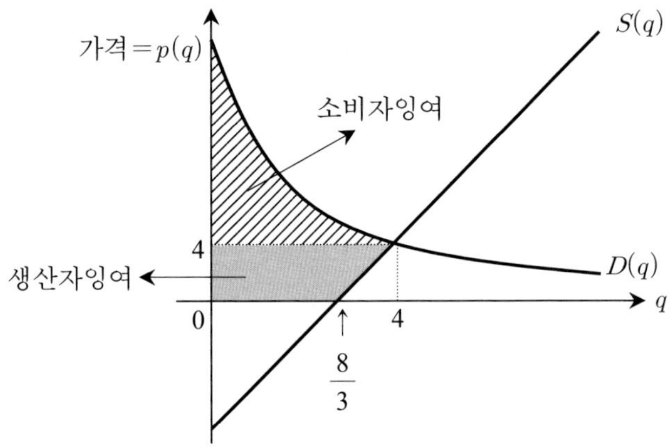

$$\text{소비자잉여}=\int_0^4\frac{24}{q+2}-(4)(4)=24\left[\ln(q+2)\right]_0^4-16$$
$$=24\ln3-16 \fallingdotseq 10.37$$

$$생산자잉여 = (4)(4) - \int_{\frac{8}{3}}^{4}(-8+3q)dq = 16 - \left[-8q + \frac{3q^2}{2}\right]_{\frac{8}{3}}^{4}$$

$$= 16 + 8 - \frac{32}{3} = \frac{40}{3}$$

8. (a) $생산자잉여 = (270)(12) - \int_0^{12} MC(q)dq = 3,240 - \left[\frac{q^3}{3} - 9q^2 + 160q + 20\right]_0^{12}$

$= 2,040$

(b) $손실분 = (270)(3) - \int_9^{12} MC(q)dq = 810 - \left[\frac{q^3}{3} - 9q^2 + 160q + 20\right]_9^{12}$

$= 564$

9. 우선 균형공급량 또는 균형수요량을 구해보면, $300 - q^2 = 10q + 100$에서 $q^2 + 10q - 200 = 0$이 도출되어 $q = 10$임을 알 수 있다. 따라서

$$총사회적\ 잉여 = \int_0^{10}[D(q) - S(q)]dq$$

$$= \int_0^{10}(300 - q^2 - 10q - 100)dq = \int_0^{10}(200 - q^2 - 10q)dq$$

$$= 200q - \frac{q^3}{3} - 5q^2\Big|_0^{10} = 2,000 - \frac{1,000}{3} - 500 = \frac{3,500}{3}$$

10. $NPV = \int_0^8 (10)\cdot e^{-(0.2)t}dt = -\frac{10}{0.2}e^{-0.2t}\Big|_0^8$

$= -50(e^{-1.6} - e^0) = 50(1 - 0.2019) = 39.905$

11. $현가 = (5,000)\int_0^{\infty} e^{-0.2t}\cdot e^{-0.08t}dt = (5,000)\int_0^{\infty} e^{-0.28t}dt$

$= (5,000)\lim_{y\to\infty}\frac{1}{0.28}(1 - e^{-0.28t}) = 17,857.143$(백만원)

12. 비용절감의 현가 $= \int_0^6 36e^{-0.12t}dt = -\frac{36}{0.12}e^{-0.12t}\Big|_0^6 = 300(1-e^{-0.72}) = 153.975$

현시점에서의 비용지출 $= 160$, 따라서 이 계약은 하지 않는 것이 낫다.

13. $\int_0^y D\cdot e^{-(0.15)t}dt = -\frac{D}{0.15}e^{(-0.15)t}\Big|_0^y = -\frac{D}{0.15}(e^{-0.15y}-1)$

$\lim_{y\to\infty} -\frac{D}{0.15}(e^{-0.15y}-1) = \frac{D}{0.15}$

14. 미래가치 $= FV = e^{rT}\int_0^T f(t)e^{-rt}\,dt$

$r = 0.0395,\ T = 5,\ f(t) = 1{,}000 - 200t$

$$FV = e^{(0.0395)5}\int_0^5 (1{,}000-200t)e^{-0.0395t}\,dt$$

$$= 1{,}000e^{0.1975}\int_0^5 e^{-0.0395t}\,dt - 200e^{0.1975}\int_0^5 te^{-0.0395t}\,dt$$

여기서 $u = t,\ d\nu = e^{-0.0395t}dt$라 한다면 $du = dt,\ \nu = \frac{e^{-0.0395t}}{-0.0395}$

$$\int te^{-0.0395t}\,dt = -\frac{te^{-0.0395t}}{0.0395} - \int \frac{e^{-0.0395t}}{-0.0395}\,dt$$

$$= -\frac{te^{-0.0395t}}{0.0395} - \frac{e^{-0.0395t}}{(0.0395)^2} + C$$

따라서

$$FV = 1{,}000e^{0.1975}\left[\frac{e^{-0.0395t}}{-0.0395}\right]_0^5 - 200e^{0.1975}\left[-\frac{te^{-0.0395t}}{0.0395} - \frac{e^{-0.0395t}}{(0.0395)^2}\right]_0^5$$

$$= 1{,}000e^{0.1975}\left[\frac{1}{0.0395} - \frac{e^{-0.1975}}{0.0395}\right]$$

$$- 200e^{0.1975}\left[\frac{1}{(0.0395)^2} - \frac{5e^{-0.1975}}{0.0395} - \frac{e^{-0.1975}}{(0.0395)^2}\right] = 2{,}854.88$$

(단위 : 만원)

15. (a) $p(0 \le x \le 3) = \sqrt{3} - 1$

$p(1 < x < 5) = 1$

(b) $p(0 \le x \le 3) = 1 - e^{-3}$

$p(1 < x < 5) = e^{-1} - e^{-5}$

(c) $p(0 \le x \le 3) = \frac{1}{4}$

$p(1 < x < 5) = \frac{1}{2}$

16. (a) $\int_2^4 kx\,dx = 1 \Rightarrow \frac{k}{2}x^2\Big|_2^4 = 8k - 2k = 6k \Rightarrow k = \frac{1}{6}$

(b) $\int_1^2 \frac{k}{x}dx = k\ln x\Big|_1^2 = k\ln 2 - 0 = 1 \Rightarrow k = \frac{1}{\ln 2}$

17. (a) $\int_6^9 \left(\frac{1}{3}x - \frac{1}{36}x^2 - \frac{3}{4}\right)dx = \frac{1}{2}$

(b) $\frac{1}{2} \times 2,400 = 1,200$

18. $\int_t^\infty \frac{1}{10}e^{\frac{x}{10}}dx = 1 - \int_0^t \frac{1}{10}e^{-\frac{x}{10}}dx = 1 - \frac{1}{10}(e^{-\frac{x}{10}})(-10)\Big|_0^t$

$= 1 + (e^{-\frac{t}{10}} - 1) = e^{-\frac{t}{10}}$

19. 평균$= \int_1^{11} xf(x)dx = \int_1^{11} x\frac{1}{10}dx = \frac{x^2}{20}\Big|_1^{11} = \frac{1}{20}(121 - 1) = 6$

분산$= \int_1^{11} x^2 f(x)dx - (\text{평균})^2 = \int_1^{11} \frac{x^2}{10}dx - 36 = \frac{x^3}{30}\Big|_1^{11} - 36 = 8.33$

20. $f_x(x) = \int_x^1 6x dx = 6x - 6x^2 \mid_x^1 = 6x(1-x),\ 0 < x < 1$

21. (a) $\int_6^\infty \frac{1}{25} e^{-\frac{x}{25}} dx = \left(\frac{1}{25}\right)(-25) e^{-\frac{x}{25}} \Big|_6^\infty = e^{-\frac{6}{25}} - 0 = e^{-\frac{6}{25}}$

(b) $\int_t^\infty \frac{1}{25} e^{-\frac{x}{25}} dx \ge 0.9 \Leftrightarrow e^{-\frac{t}{25}} \ge 0.9 \Leftrightarrow t^* \fallingdotseq 2.63$

22. $S'(t) = -4te^{0.1t},\ S(0) = 2{,}000$

$S(t) = \int -4te^{0.1t} dt = -4 \int te^{0.1t} dt$

우선 $u = t,\ d\nu = e^{0.1t} dt$라 한다면 $du = dt,\ \nu = \frac{e^{0.1t}}{0.1} = 10e^{0.1t}$

$\int te^{0.1t} dt = 10te^{0.1t} - \int 10e^{0.1t} dt = 10te^{0.1t} - 100e^{0.1t} + C$

$S(t) = -40te^{0.1t} + 400e^{0.1t} + C$

$S(0) = 2{,}000$이므로

$2{,}000 = 400 + C,\ C = 1{,}600$

(a) 따라서 $S(t) = 1{,}600 + 400e^{0.1t} - 40te^{0.1t}$

(b) $S(t) = 800$을 풀면 $t = 15$가 도출된다.

23. 수요예측의 오류로 인해 필요량을 공급하지 못하는 경우에는 개당 10,000원짜리를 13,000원에 사와야 하므로 3,000원을 손해 보고, 지나치게 많이 구입하여 재고로 남는 경우에는 9,000원에 팔아야 하므로 1,000원을 손해 본다.

$$\frac{3{,}000}{3{,}000 + 1{,}000} = 0.75$$

따라서 누적수요확률이 0.75에 해당하는 D^*를 구하면 된다.

$$\int_0^{D^*} (0.1) e^{-\frac{D}{10}} dD = 0.75 \text{ 또는 } 1 - e^{-\frac{D^*}{10}} = 0.75$$

$$\Rightarrow 0.25 = e^{-\frac{D^*}{10}} \Rightarrow \ln(0.25) = -\frac{D^*}{10} \Rightarrow D^* = (-10)(-1.38629) \fallingdotseq 14$$

24. $\int_0^x f(D)dD = \int_{100}^x \frac{1}{200}dD = 0.75$

$\frac{1}{200}D\Big|_{100}^{x} = \frac{1}{200}(x-100) = 0.75$

$\Rightarrow x^* = 250$

25. $EL(a) = \int_{-\infty}^{\infty} k(a-\theta)^2 f(\theta)d\theta$

$\frac{dEL(a)}{da} = \int_{-\infty}^{\infty} 2k(a-\theta)f(\theta)d\theta = 2k\left[a\int_{-\infty}^{\infty} f(\theta)d\theta - \int_{-\infty}^{\infty} \theta f(\theta)d\theta\right]$

$= 2k[a - \theta\text{의 평균}]$

따라서 $a^* = \theta$의 평균값이다.

$\frac{d^2EL(a)}{da^2} = 2k > 0$이므로 $EL(a^*)$가 극솟값임을 알 수 있다.

26. C_u =충분히 예약을 받지 않아 실제 탑승률이 100% 미만일 때 발생하는 좌석당 기회비용=80,000원

C_o =100% 이상 예약을 받았으나 수용인원을 초과하여 승객들이 나타남으로 인해 고객에게 패널티로 지불하는 비용으로 왕복항공푯값 및 선물티켓을 포함한 비용=100,000원

정원을 넘어 초과예약해야 하는 좌석수를 K(즉, 총예약수는 수용규모+K)라 한다면 100% 이상의 초과예약률이 높을수록 C_o 관련 손실이 커지고, 초과예약률이 낮을수록 역으로 C_u 관련 기회비용이 커진다. K는 다음 식을 만족하는 가장 작은 값이 된다.

$$P(K \geq \text{예약은 했으나 나타나지 않는 승객수}) \geq \frac{C_u}{C_u + C_o}$$

$\frac{C_u}{C_u + C_o}$ =0.44이므로 0+(20)(0.44)=8.8명 또는 8명만 초과예약을 받는다.

27. 정상가격에 판매할 좌석수를 K라 하자.

- 정상가격에 팔기 위해 남겨놓은 좌석이 너무 많아 빈자리로 갈 때(즉, 할인해서 팔면 다 팔 수 있었는데, 할인용으로는 너무 적은 수의 좌석을 할당한 경우) 발생하는 손실
  - 할인가격으로 구입하지 못하면 여행 포기시 빈자리로 가야 할 때 발생하는 손실＝10만원
  - 할인가격으로 구입하지 못하더라도 정상가격으로 구입하는 경우의 손실(이 경우 득이 됨)＝12만원－18만원＝－6만원
  - 정상가격에 팔기 위해 남겨놓은 좌석이 너무 많아 빈자리로 갈 때 발생하는 손실은 10만원 또는 －6만원이고, 할인가격에 구입하지 못한 손님 중 70%는 여행을 포기하고, 나머지 30%는 정상가격에 구입하여 여행할 것이라 가정하였으므로

$$C_o=(0.7)(10)+(0.3)(-6)=5.2\text{만원}$$

- 정상가격에 팔기 위해 남겨놓은 좌석이 불충분해서(즉, 너무 많은 좌석을 할인해서 판매한 경우) 발생하는 손실
  - 18만원에 팔 수 있는 좌석을 12만원에 팔았으므로 그 차이인 6만원이 손실로 발생

$$C_u=18\text{만원}-12\text{만원}=6\text{만원}$$

- $\dfrac{C_u}{C_u+C_o}=0.5357$
- 정상가격에 판매할 좌석수 K는 다음 식을 만족하는 가장 작은 값이다.

$$P(K\geq \text{확률분포상에서 정상가격에 탑승하는 승객수})\geq \frac{C_u}{C_u+C_o}=0.5357$$

80＋(20)(0.5357)＝90.714 또는 90석이 도출된다.

28. (a) $\displaystyle\int_0^{12}\frac{t}{288}dt=\frac{t^2}{576}\bigg|_0^{12}=0.25$

(b) $\displaystyle\int_{12}^{24}\frac{t}{288}dt=1-\frac{144}{576}=0.75$

29. $\displaystyle\int_1^{49} \frac{1}{1+\sqrt{x}}dx \simeq \frac{1}{2}(49-1)\left[\frac{1}{1+\sqrt{49}}+\frac{1}{1+\sqrt{1}}\right] = 24\times\left(\frac{1}{8}+\frac{1}{2}\right) = 15$

30. 심슨의 법칙을 이용하여 로렌츠곡선 아래의 면적을 추정하면 다음과 같다.

$$B \simeq \frac{25}{3}(0+4\times 13+2\times 32+4\times 56+100) = \frac{11{,}000}{3}$$

지니계수 $G = 1-\dfrac{B}{100\times 100/2}$로 나타낼 수 있고, 앞에서 구한 B값을 대입하면 다음과 같이 근삿값을 구할 수 있다.

$$G \simeq 1-\frac{\frac{11{,}000}{3}}{100\times 100/2} = 1-\frac{2.2}{3} = 0.267$$

31. 지니계수 $= 2\displaystyle\int_0^1 (x-xe^{x-1})dx = 2\int_0^1 xdx - 2\int_0^1 xe^{x-1}dx$

여기서 $u=x$, $d\nu = e^{x-1}dx$라 한다면 $du=dx$, $\nu = e^{x-1}$

따라서

$$\int xe^{x-1}dx = xe^{x-1} - \int e^{x-1}dx = xe^{x-1} - e^{x-1} + C$$

$$2\int_0^1 xdx - 2\int_0^1 xe^{x-1}dx = x^2\Big|_0^1 - 2\left[xe^{x-1}-e^{x-1}\right]\Big|_0^1 = 1-2\left[1-1+(e^{-1})\right]$$

$$= 1-2e^{-1} \approx 0.264$$

본 실험에서 바퀴 달린 카트가 매끄러운 바닥에 놓여 있는 경우, 마찰력은 거의 무시할 수 있다. 마찰을 무시하면 카트에 작용하는 힘은 $mg\sin\theta$, 가속도는 $g\sin\theta$이고, 이는 물체의 질량과 경사면의 각도에 따라 달라진다.

정적 평형상태의 가장 간단한 예는 탁자 위에 놓인 물체이다. 이때 탁자를 누르는 물체의 중력과 탁자가 물체를 떠받치는 수직항력은 크기가 같고 방향이 반대이다. 본 실험에서는 카트에 줄을 연결하고 줄의 다른 쪽 끝을 경사면 상단에 고정하여 정지상태인 정적 평형상태를 만들 수 있다. 정적 평형상태에서 카트에 작용하는 힘은 경사면에 평행한 중력 성분과 줄의 장력이고 두 힘의 합은 0이다.

3. 실험장치

인터페이스, 컴퓨터, 운동센서, 1.2m 트랙, 카트, 힘센서, 각도기, 줄, 높이 조절 상자

4. 실험방법

1) 경사면에서의 힘의 평형

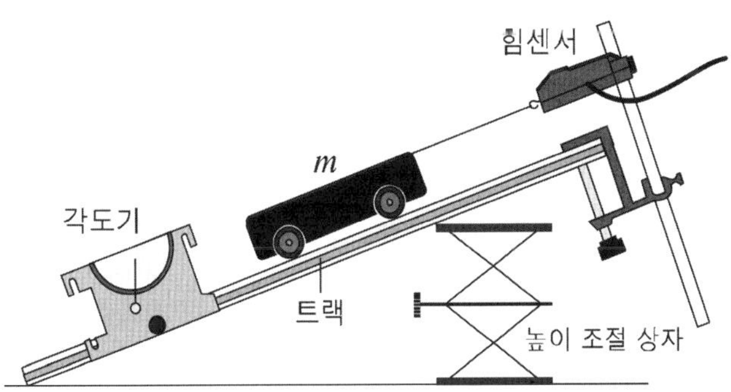

[그림 2] 힘의 평형 실험장치

① [그림 2]와 같이 트랙 위에 각도기와 카트, 힘센서를 설치하고, 힘센서를 인터페이스와 연결한다.

② 프로그램 왼쪽의 Tools 중 상위에 있는 Hardware Setup( )을 눌러서 인터페이스와 센서가 잘 연결되어 있는지 확인한다. 연결이 잘되었다면 아래 그림과 같이 나타난다. 장치가 연결되어 있지 않으면 느낌표로 표시된다. 프로그램 오른쪽의 아이콘에서 Table을 드래그하여 힘을 측정하는 표를 만들고, 표에서 평균값을 계산하도록 아이콘(Σ▾)을 선택한다.

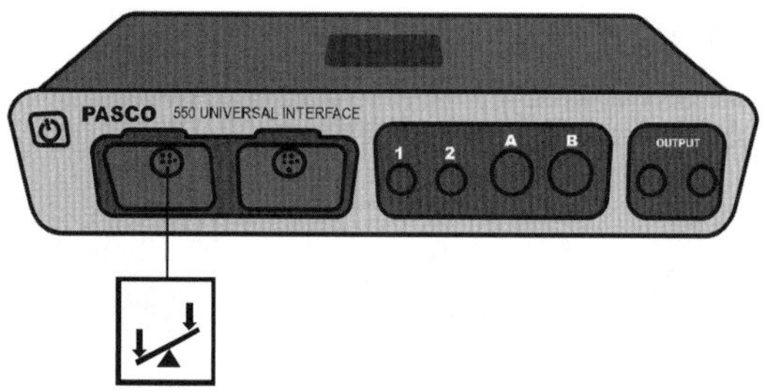

③ 당기는 힘에 대해 양의 부호(+)를 나타내도록 힘센서를 설정한다.

④ 줄에 장력이 없는 상태에서 힘센서 상단에 있는 제로 버튼을 눌러 힘센서를 0으로 설정한다.

⑤ 트랙의 경사각을 기록한다. 카트의 질량을 측정한다.

⑥ Record( )를 눌러 데이터 기록을 시작한다.

⑦ 측정한 데이터를 기록한 후에 Stop( )을 눌러 데이터 기록을 종료한다.

⑧ 중력에 의해 발생한 경사면에서의 힘과 장력을 비교한다.

⑨ 카트 위에 추를 추가하여 카트와 추를 합한 질량(m)을 변화시키면서 ④~⑧ 실험을 반복해 보자.

2) 경사면에서의 정지마찰력

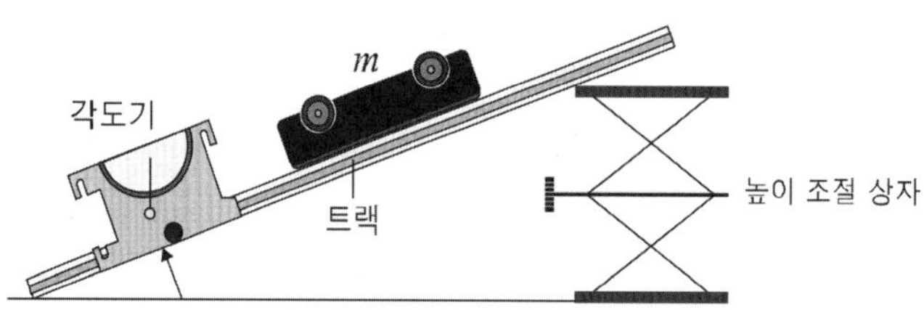

[그림 3] 경사면에서의 마찰력 실험장치

① 카트의 질량을 측정한다. [그림 3]과 같이 탁자 위에 트랙을 경사면으로 두고 트랙 가운데에 카트를 뒤집어 올려놓는다.

② 높이 조절 상자를 이용하여 천천히 들어 올린다.

③ 경사각(θ)을 측정한다.

④ 측정된 경사각에서 정지마찰력을 구한다.

⑤ 마찰계수가 다른 물체를 트랙에 놓고 ②~④ 실험을 반복한다.

3) 경사면에서의 최대 정지마찰계수

① 2)의 ①~②와 같이 실험한다.

② 카트가 움직이기 시작하는 순간 멈추고 경사각(θ)을 측정한다.

③ 측정된 경사각에서 최대 정지마찰력을 계산한다.

④ 최대 정지마찰력에서 최대 정지마찰계수 $\mu_s = \tan\theta$를 계산한다.

⑤ 마찰계수가 다른 물체를 트랙에 놓고 ②~④ 실험을 반복한다.

결과보고서 5. 힘의 평형

학과 : 학번 : 이름 :
실험 날짜 : 공동 실험자 :

1. 실험결과 및 분석

1) 경사면에서의 힘의 평형

[표 1] 경사면에서 경사각에 따라 물체에 작용하는 힘

경사각[°]	질량[kg]	장력 T[N]	$mg\sin\theta$[N]	오차[%]

질문. 경사각과 경사면에 작용하는 중력에 의한 힘의 관계를 알아보자.

2) 경사면에서의 정지마찰력

[표 2] 경사면에서의 정지마찰력

경사각[°]	질량[kg]	정지마찰력 F[N]

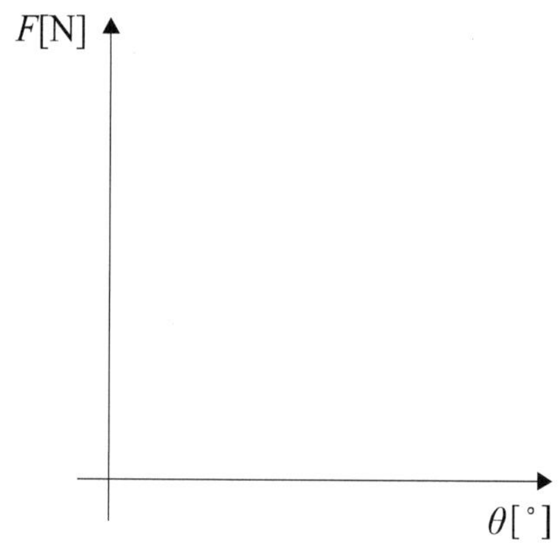

[그래프 1] 경사각과 정지마찰력

질문. 경사각과 정지마찰력의 관계를 알아보자.

3) 경사면에서의 최대 정지마찰계수

[표 3] 경사각에 따른 최대 정지마찰력

물체	질량[kg]	경사각[°]	최대 정지마찰력 [N]	수직항력[N]	최대 정지마찰계수 μ_s

질문 1. 경사각과 최대 정지마찰력의 차이를 알아보자.

질문 2. 마찰력과 최대 정지마찰력의 차이를 알아보자.

2. 실험결과에 대한 논의

실험6 등속원운동

1. 목적

등속원운동을 하는 물체에서 진자의 질량, 각속력, 회전반경에 따른 구심력의 변화를 알아보자.

2. 이론

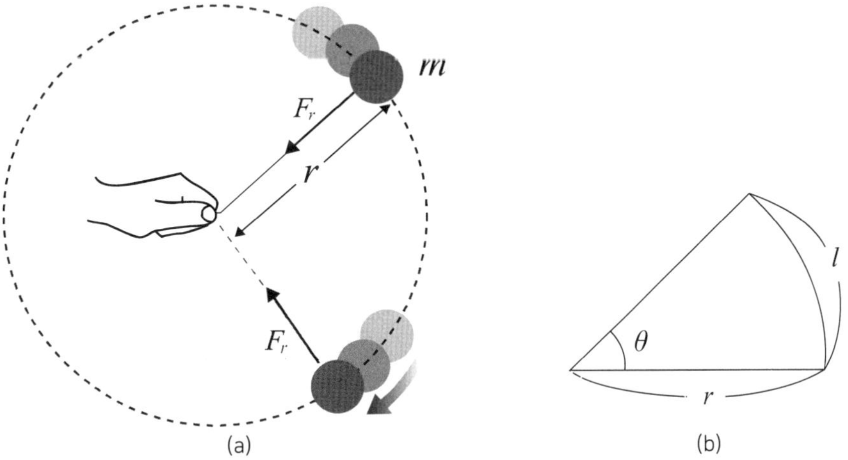

[그림 1] (a) 등속원운동, (b) 원호 길이

[그림 1(a)]와 같이 질량 m인 공이 길이 r인 줄에 매달려 일정한 속력(v)으로 수평하게 등속원운동을 하는 경우를 생각해 보자. 공과 연결된 줄의 장력(F_r)이 공의 지름 방향의 구심력(F_c)으로 작용함으로써 원운동을 하게 만든다. [그림 1(b)]와 같이 부채꼴에서 원호의 길이 l은 각도 θ와 회전반경 r의 곱인 $l = r\theta$로 나타나며 이 식을 미분하여 속력과 각속력 w의 관계를 $v = r\omega$로 구할 수 있다. 구심력 F_c의 크기는

$$F_c = mr\omega^2 = \frac{mv^2}{r} \qquad (v = r\omega) \tag{1}$$

로 나타난다. 구심가속도를 일으키는 힘은 원의 중심 방향($\hat{r}$)으로 작용하며 속도벡터의 방향을 변화시킨다. 만약 이 힘이 사라지면 물체는 더 이상 원운동을 하지 않고 접선 방향인 직선 경로를 따라 운동할 것이다.

3. 실험장치

구심력 장치 액세서리, 힘센서, 회전운동센서, 인터페이스, 컴퓨터, 추

4. 실험방법

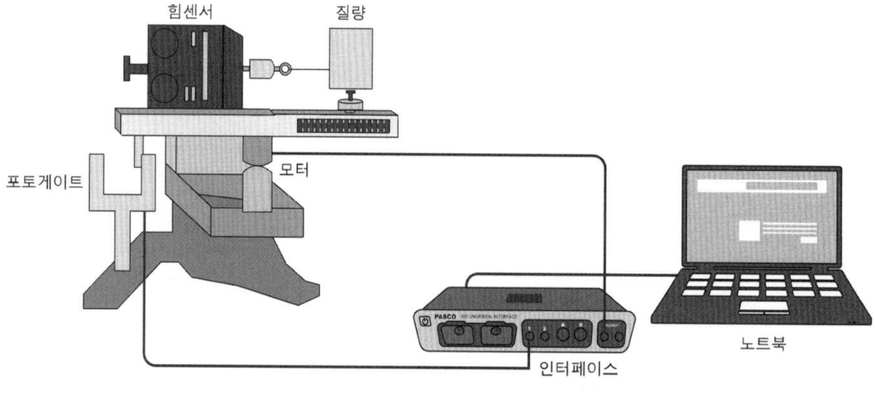

[그림 2] 등속원운동 실험장치

① 힘센서와 포토게이트를 인터페이스와 함께 [그림 2]와 같이 설치한다.

② 프로그램 왼쪽의 Tools 중 상위에 있는 Hardware Setup( )을 눌러서 인터페이스와 센서들이 잘 연결되어 있는지 확인한다. 연결이 잘되었다면 아래 그림과 같이 나타난다. 장치가 연결되어 있지 않으면 느낌표로 표시된다. 프로그램 오른쪽의 아이콘 중에서 테이블을 드래그하여 힘과 각속력을 측정하는 테이블을 만들고 테이블에서 평균값을 측정하도록 아이콘(Σ ▾)을 선택한다.

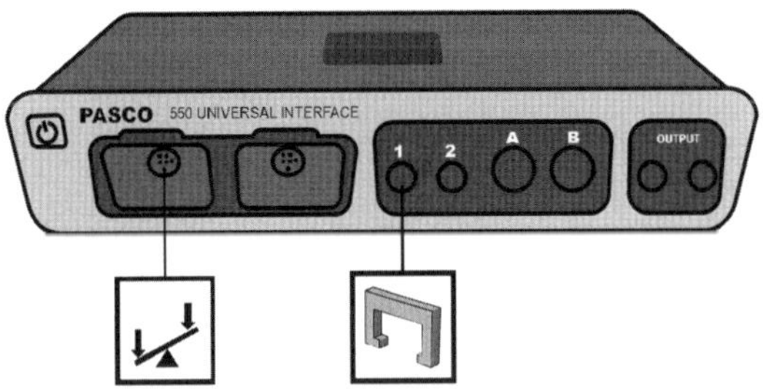

③ 좌측의 Timer Setup 아이콘을 클릭한다.

1번 항목: Pre Configured Timer 아이콘 선택

2번 항목: photogate ch1 확인

3번 항목: Select a Timer 클릭 → One Photogate(Single Flag) [next]

4번 항목: 측정하고자 하는 실험값(Angular Speed Linear Speed) 체크

5번 항목: Flag Width에 막대의 지름값 입력 후 [next]

6번 항목: [Finish] → [Save]

④ 회전질량을 구성하는 나사, 와셔, 볼트 및 너트 등의 총 질량을 확인한다. [그림 2]와 같이 회전질량을 회전 플랫폼에 부착한다. 힘센서에 연결된 케이블이 질량에 부착되도록 한다. 이때 질량은 슬롯에서 앞뒤로 자유롭게 미끄러질 수 있어야 한다.

⑤ 회전반경을 결정하기 위해 케이블의 길이를 조정하여 질량의 위치를 정한다.

⑥ 힘센서에 연결된 케이블이 당겨지지 않도록 느슨하게 풀고 힘센서의 제로 버튼을 누른다.

⑦ 프로그램 화면에서 signal generator 아이콘( )을 클릭하여 직류(DC) 전압을 선택한다. 최대전압(Voltage Limit)을 8.0V로 정하고 실험장치를 회전시키는 모터의 전압(DC Voltage)를 5.0V로 정한 다음 'ON' 스위치를 클릭하여 전압을 인가한다. 전압을 증가시키면 물체의 회전속도도 증가한다.

⑧ 데이터 측정을 위해 Record( )를 누른다. 약 5초간 데이터를 수집하고 stop( )을 누른다.

⑨ 측정된 속도 데이터와 평균 힘을 표에 기록한다. 일정한 값이 나오지 않으면 위의 과정을 반복한다.

⑩ signal generator 화면에서 'OFF' 스위치를 클릭하여 전원을 끈다.

⑪ 모터의 전압(DC Voltage)과 회전반경을 고정하고 질량을 변화시키면서 ④~⑩ 실험을 반복하여 질량과 구심력의 관계를 알아보자.

⑫ 모터의 전압(DC Voltage)과 질량을 고정하고 회전반경을 변화시키면서 ④~⑩ 실험을 반복하여 회전반경과 구심력의 관계를 알아보자.

⑬ 회전반경과 질량을 고정하고 모터의 전압(DC Voltage)을 1.0V씩 조정하여 ④~⑩ 실험을 반복하여 각속력과 구심력의 관계를 알아보자.

결과보고서6. 등속원운동

학과 : 학번 : 이름 :

실험 날짜 : 공동 실험자 :

1. 실험결과 및 분석

1) 질량(m) 변화

회전반경(L) = m

각속력(w) = rad/s

[표 1] 질량과 구심력

질량 m[kg]	구심력 F_c[N]		오차[%]
	실험값	이론값	

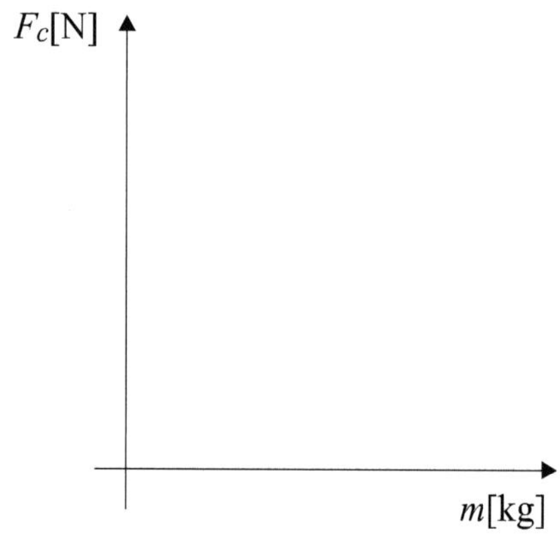

[그래프 1] 질량과 구심력

기울기 =

기울기의 이론값(rw^2) =

오차 = %

질문. 질량과 구심력의 관계를 알아보자.

2) 회전반경(L) 변화

질량(m) = kg

각속력(ω) = rad/s

[표 2] 회전반경과 구심력

회전반경 L[m]	구심력 F_c[N]		오차[%]
	실험값	이론값	

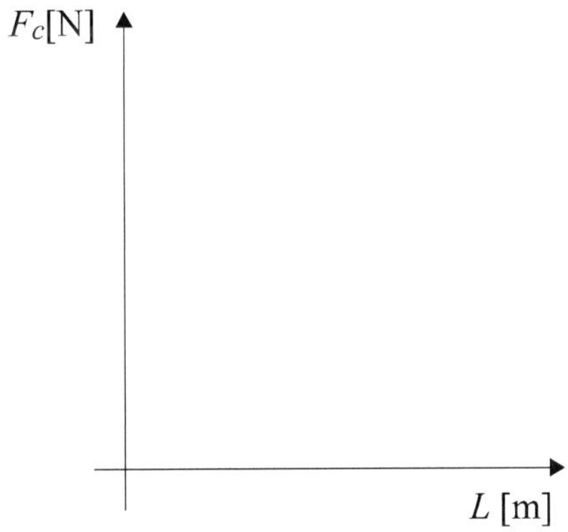

[그래프 2] 회전반경과 구심력

기울기 =

기울기의 이론값(mw^2) =

오차 = %

질문. 회전반경과 구심력의 관계를 알아보자.

3) 각속력(ω) 변화

질량(m) = kg

회전반경(L) = m

[표 3] 각속력과 구심력

각속력 ω[rad/s]	구심력 F_c[N]		오차[%]
	실험값	이론값	

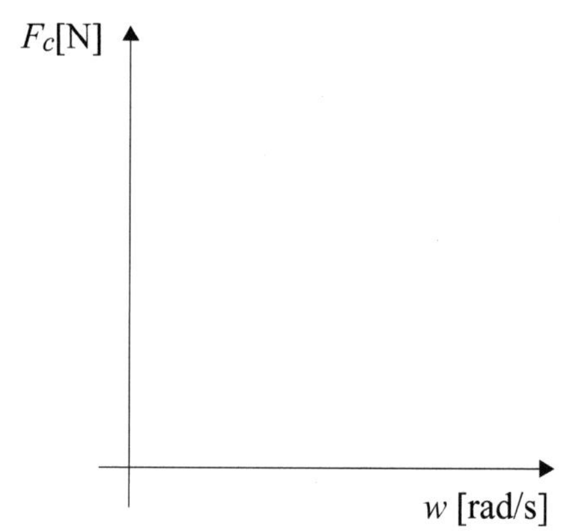

[그래프 3] 각속력과 구심력

질문. 각속력과 구심력의 관계를 알아보자.

2. 실험결과에 대한 논의

실험7 탄성력

1. 목적

용수철에 작용하는 외력과 늘어난 용수철 길이 사이의 관계, 즉 후크의 법칙에 대해 알아보자.

2. 이론

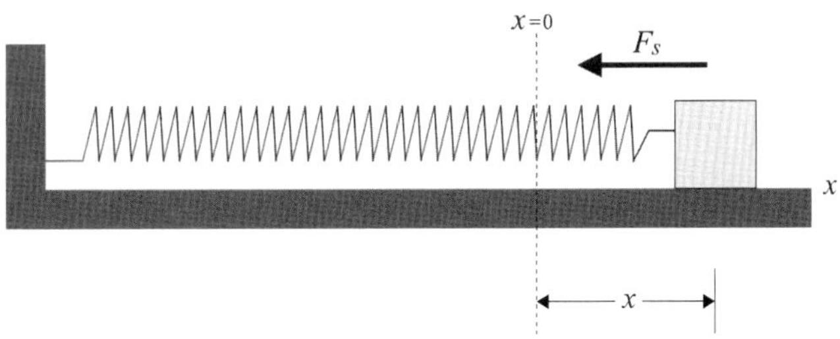

[그림 1] 수평면에서 용수철의 탄성력

[그림 1]은 마찰이 없는 수평면 위에 용수철에 연결된 물체가 놓여 있는 모습이다. 여기서 x축은 용수철이 늘어나거나 압축되는 방향과 평행하다. 용수철이 늘어나지 않을 때, 즉 평형상태에서 거리 x만큼 늘어나거나 줄어들 때, 용수철이 물체에 작용하는 힘은 식 (1)과 같다.

$$F_s = -kx \tag{1}$$

여기서 x는 $x=0$인 평형상태를 기준으로 한 물체의 위치이고, k는 용수철의 힘 상수(force constant) 또는 용수철 상수(spring constant)이다. k의 값은 양수이며, 용수철의 탄성을 나타낸다. 단단한 용수철은 k값이 크고, 부드러운 용수철은 k값이 작다. k의 단위는 $\mathrm{N/m}$이다. 식 (1)에서 보듯이 용수철을 늘리거나 압축하는 데 필요한 힘은 늘어나거나 줄어든 길이 x에 비례한다. 음(-)의 부호는 용수철 힘이 평형 위치에서 항상 변위와 반대 방향임을 의미한다. 이 법칙을 후크의 법칙(Hooke's law)이라고 하며, 용수철 힘은 항상 평형 위치로 향하기 때문에 복원력이라고 한다.

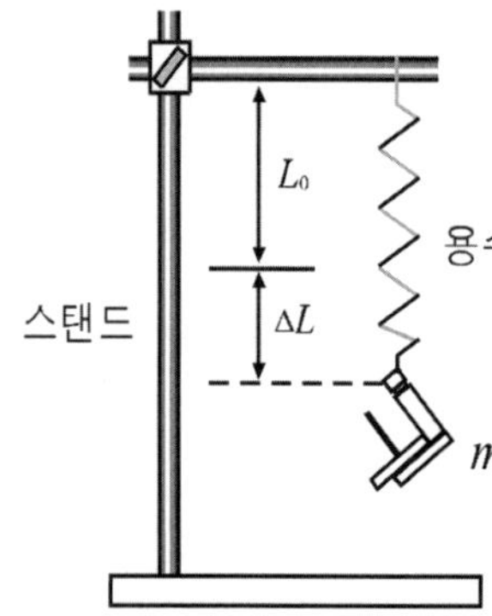

[그림 2] 수직면에서 늘어난 용수철

[그림 2]와 같이 스탠드에 수직으로 매달린 용수철에 질량 m인 물체를 매달면 중력 mg가 아래로 작용하여 용수철이 늘어나게 된다. 원상태로 돌아가려는 힘인 복원력과 중력이 평형을 이루면 물체는 정지한다. 용수철 상수가 k인 용수철의 복원력 F는 용수철의 늘어난 길이(ΔL)에 비례한다. 즉, $F=-k\Delta L$이고, 음의 부호(-)는 힘의 방향이 길이 변화의 방향과 반대임을 의미한다. 물체의 평형점 위치는 식 (2)에서 구할 수 있다.

$$F=mg=-k\Delta L \qquad (2)$$

3. 실험장치

인터페이스, 컴퓨터, 힘센서, 막대, 이중클램프, 용수철 세트, 질량 세트, 자

저자소개

김 태 웅

- 서울대학교 언론정보학과 졸업
- 미국 인디애나대학교 경영대학원 경영학석사
- 미국 퍼듀대학교 대학원 경영학박사
- 현, 성균관대학교 경영대학 명예교수
- 경영학원론(신영사, 2023)
- 생산 · 공급망관리의 이해(신영사, 2023)
- 엑셀과 R Commander를 활용한 통계(신영사, 2023)
- 품질경영의 이해(신영사, 2021)

장 영 봉 성균관대학교 경영대학 교수

- 미국 캘리포니아대학교 어바인캠퍼스에서 경영학박사학위 취득 후 캐나다의 브리티시 컬럼비아대학교 및 울산과학기술대학교(UNIST)에서 근무하였음
- 성균관대학교 부임 후 10여 년 동안 생산공급망관리론, 경영통계, 경영학원론 및 수리적 분석방법론 등을 강의하고 있음
- 현재, ICT 산업에 대한 경제학적 실증분석을 토대로 ICT 기반 산업의 투자 · 경쟁분석, 스타트업 가치 · 위험분석, 인수 · 합병전략 등에 대한 관심을 가지고 관련 연구를 진행중임

제3판 경영수학의 이해 해답

2015년 7월 15일 제1판 1쇄 발행
2024년 7월 15일 제3판 1쇄 인쇄
2024년 7월 20일 제3판 1쇄 발행

㈜신영사

저　　자 김태웅 · 장영봉
발 행 인 권　영　섭
발 행 처 (주)신 영 사

경기도 파주시 심학산로 12(출판문화단지)
등　　록 : 1988. 5. 2/제406-1988-000020호
전　　화 : 031-946-2894(代)
F　A　X : 031-946-0799
e-mail : sys28945@naver.com
홈페이지 : http://www.shinyoungsa.co.kr

정가 6,000원　　ISBN 978-89-5501-858-5

4. 실험방법

1) 수평면

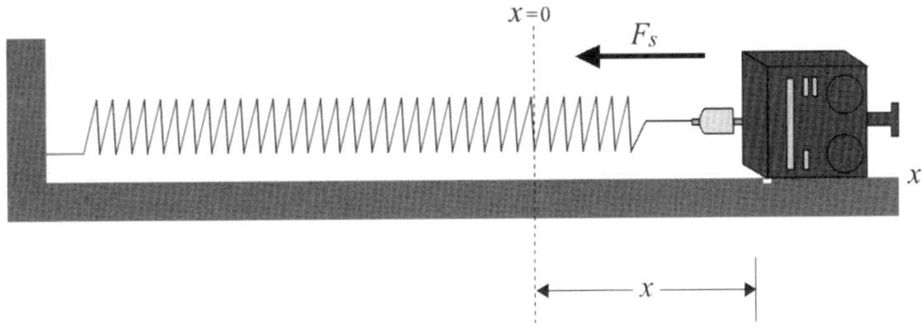

[그림 3] 수평면에서의 용수철 실험장치

① 힘센서와 인터페이스를 [그림 3]과 같이 설치한다.

② 프로그램 왼쪽의 Tools 중 상위에 있는 Hardware Setup( )을 눌러서 인터페이스와 센서들이 잘 연결되어 있는지 확인한다. 연결이 잘되었다면 아래 그림과 같이 나타난다. 화면에서 힘을 측정하는 Table을 확인하고 Table에서 평균값을 측정하도록 아이콘(Σ ▾)을 선택한다.

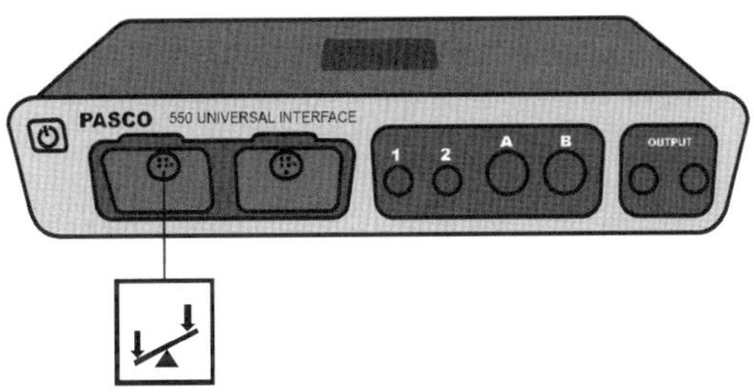

③ 힘센서를 인터페이스 상단에 있는 센서 포트에 연결하고 힘센서에 들어 있는 연결 고리를 줄에 연결한 다음 줄을 힘센서에 연결한다.

④ 용수철의 왼쪽 끝에서 자를 사용하여 힘센서의 위치를 측정한다. 참고로 이 측정값을 표에 용수철의 평형 위치로 기록한다. 힘센서의 제로 버튼을 눌러 0으로 설정한다.

⑤ 힘센서를 1.0 cm 잡아당긴다. Record( )를 눌러 데이터 기록을 시작한다. Digit에서 측정한 힘의 값을 기록한다. 실험이 끝난 뒤 Stop( )을 눌러 데이터 기록을 종료한다.

⑥ 힘센서의 위치를 1.0 cm만큼 계속 증가시키면서 힘센서에 작용하는 힘을 측정한다.

⑦ 위의 실험결과를 이용하여 x축이 늘어난 길이, y축이 힘인 그래프를 그려서 용수철

상수 k를 구하라.

⑧ 다른 종류의 용수철로 변경하여 ③~⑦ 실험을 반복한다.

2) 수직면

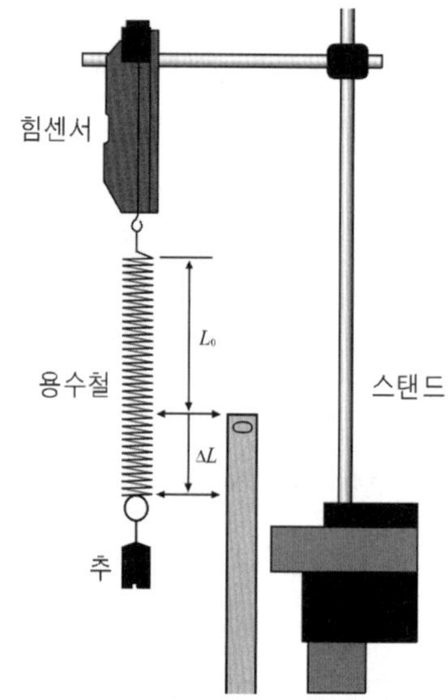

[그림 4] 수직면에서의 용수철 실험장치

① 힘센서와 인터페이스를 [그림 4]와 같이 설치한다.

② 프로그램 왼쪽의 Tools 중 상위에 있는 Hardware Setup(Hardware Setup)을 눌러서 인터페이스와 센서들이 잘 연결되어 있는지 확인한다. 연결이 잘되었다면 아래 그림과 같이 나타난다. 화면에서 프로그램 오른쪽의 아이콘 중 테이블을 드래그하여 힘을 측정하는 Table을 만들고 Table에서 평균값을 측정하도록 아이콘(Σ ▾)을 선택한다.

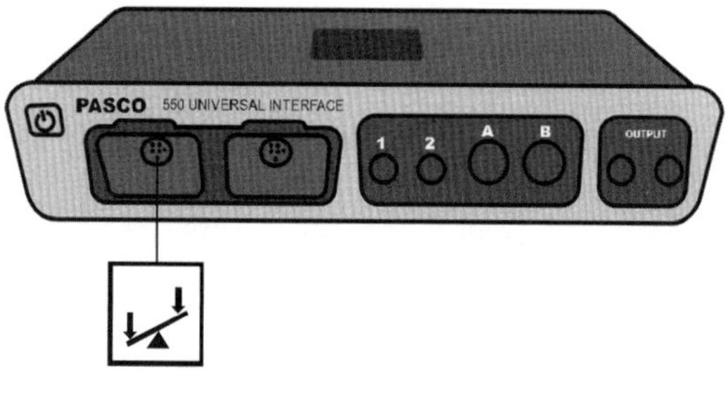

③ 힘센서를 인터페이스 상단에 있는 센서 포트에 연결하고 힘센서에 들어 있는 연결 고리를 센서 끝에 연결한다. 고리의 끝이 아래에 있도록 힘센서를 수직으로 설치한다. 센서의 고리에 용수철을 걸어 매단다.

④ 자를 사용하여 용수철의 길이 L_0을 측정한다. 참고로 이 측정값을 표에 용수철의 평형 위치로 기록한다. 힘센서의 제로 버튼을 눌러 0으로 설정한다. Record()를 눌러 데이터 기록을 시작한다.

⑤ Digit에서 측정한 첫 번째 힘의 값을 기록한다.

⑥ 용수철에 질량 50 g 추를 매단다.

⑦ Record()를 눌러 새로운 힘의 측정값을 기록한다. 자를 이용하여 용수철 끝의 새로운 위치를 정확하게 측정한다. 실험이 끝난 뒤 Stop()을 눌러 데이터 기록을 종료한다.

⑧ 질량을 20 g씩 증가시켜 가면서 ⑥~⑦ 실험을 반복한다.

⑨ 위의 실험결과를 이용하여 x축이 늘어난 길이, y축이 힘인 그래프를 그려서 용수철 상수 k를 구하라.

⑩ 다른 종류의 용수철로 변경하여 ③~⑨ 실험을 반복한다.

결과보고서7. 탄성력

학과 : 학번 : 이름 :

실험 날짜 : 공동 실험자 :

1. 실험결과 및 분석

1) 수평면

[표 1] 수평면에서 용수철의 늘어난 길이와 탄성력

탄성계수 k[N/m]	늘어난 길이 Δx[m]	탄성력 F[N]		
		실험값	이론값	오차[%]

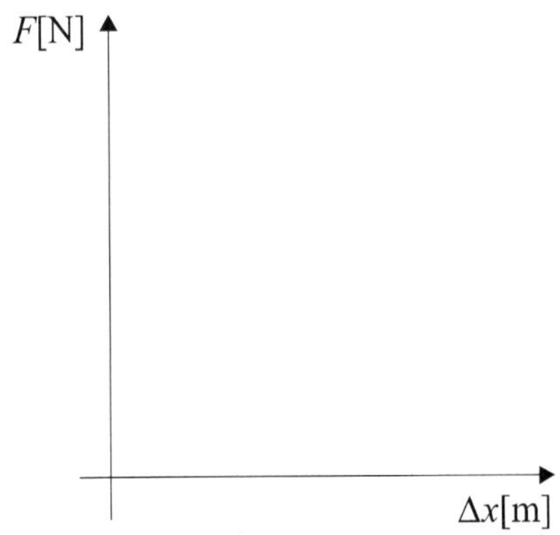

[그래프 1] 수평면에서 용수철의 늘어난 길이와 탄성력

기울기(탄성계수 실험값) =

탄성계수 이론값 = N/m

오차 = %

질문. 수평면에서 용수철의 늘어난 길이와 탄성력의 관계를 알아보자.

2) 수직면

[표 2] 수직면에서 용수철의 늘어난 길이와 탄성력

탄성계수 k[N/m]	늘어난 길이 Δx[m]	질량 m[kg]	탄성력 F[N]		
			실험값	이론값	오차[%]

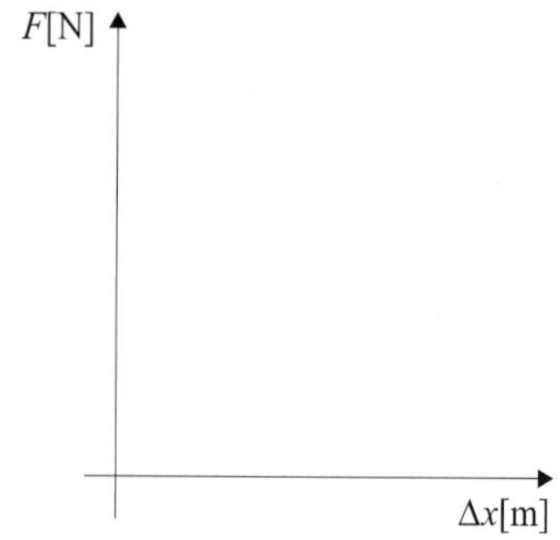

[그래프 2] 수직면에서 용수철의 늘어난 길이와 탄성력

기울기(탄성계수 실험값) =

탄성계수 이론값 = N/m

오차 = %

질문. 수직면에서 늘어난 용수철의 길이와 탄성력의 관계를 알아보자.

2. 실험결과에 대한 논의

실험8 운동량보존법칙

1. 목적

외력이 없을 때 충돌 전후 두 물체의 운동량을 측정하여 운동량보존법칙이 성립하는지 알아보자. 또한, 탄성충돌과 비탄성충돌의 차이를 이해하자.

2. 이론

입자의 질량과 속도의 곱을 운동량 $\vec{p}$라 하고 이를 각운동량과 구별하기 위하여 선운동량으로 정의한다. 운동량은 식 (1)과 같다.

$$\vec{p} = m\vec{v} \quad (1)$$

$$\frac{d\vec{p}}{dt} = m\vec{a} = \vec{F} \quad (2)$$

뉴턴의 제2법칙은 식 (1)을 미분하여 구할 수 있다. 즉, 운동량을 시간에 대하여 미분하면 식 (2)와 같은 힘이 된다. 계에 작용하는 외력의 합이 0이면 $\frac{d\vec{p}}{dt} = 0$으로 계의 운동량은 일정하다. 이 결과는 운동량보존법칙으로 알려져 있다.

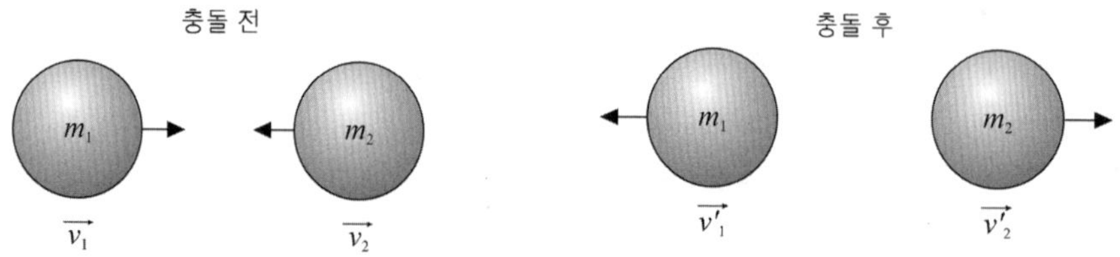

[그림 1] 두 물체의 충돌 전과 충돌 후

[그림 1]과 같이 질량이 m_1이고 속도가 $\vec{v}_1$인 물체 A와 질량이 m_2이고 속도가 $\vec{v}_2$인 물체 B가 외력이 0인 상태에서 정면충돌한다. 충돌 후, A의 속도가 $\vec{v}_1{}'$으로 바뀌고 B의 속도가 $\vec{v}_2{}'$로 바뀐다고 하자. 두 물체의 충돌 전후에 외력이 없으므로 운동량보존법칙이 성립한다. 운동량보존법칙은 충돌 전의 전체 운동량 $m_1\vec{v}_1 + m_2\vec{v}_2$와 충돌 후의 전체 운동량 $m_1\vec{v}_1{}' + m_2\vec{v}_2{}'$가 같다는 식 (3)으로 표현된다. 여기서 주의할 점은 A는 B의 작용력에 의해 충돌 후 속도가 변하고, B도 A의 반작용력에 의해 충돌 후 속도가 변하지만, 두 물체에 작용하는 외력은 0이므로 전체 계의 운동량은 보존된다는 것이다.

$$\vec{p}_i = m_1\vec{v}_1 + m_2\vec{v}_2$$
$$\vec{p}_f = m_1\vec{v}_1{}' + m_2\vec{v}_2{}'$$
$$\vec{p}_i = \vec{p}_f \qquad (3)$$

충돌하는 두 물체의 종류나 상황에 따라 탄성충돌 또는 비탄성충돌이 일어나지만, 외부에서 계에 작용하는 외력이 0이면 항상 식 (3)과 같이 운동량보존법칙이 성립한다. 완전탄성충돌의 경우 운동에너지가 보존되어 식 (4)와 같이 두 물체의 충돌 전 총 운동에너지 $\frac{1}{2}m_1v_1^2 + \frac{1}{2}m_2v_2^2$과 충돌 후 총 운동에너지 $\frac{1}{2}m_1v_1'^2 + \frac{1}{2}m_2v_2'^2$은 같다.

$$K_i = \frac{1}{2}m_1v_1^2 + \frac{1}{2}m_2v_2^2$$
$$K_f = \frac{1}{2}m_1v'^2_1 + \frac{1}{2}m_2v'^2_2$$
$$K_i = K_f \qquad (4)$$

완전비탄성충돌의 경우 충돌하는 두 물체가 하나의 물체가 되고, 두 물체가 결합할 때 에너지가 소모되므로 운동량보존법칙은 성립하지만 충돌 전과 충돌 후의 운동에너지는 보존되지 않는다.

3. 실험장치

인터페이스, 컴퓨터, 운동센서, 1.2m 트랙, 카트, 질량 세트, 저울, 도르래

4. 실험방법

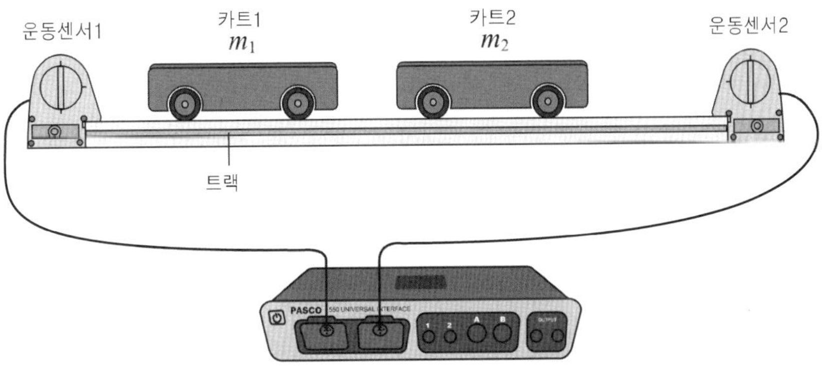

[그림 2] 운동량과 운동에너지보존법칙 실험장치

① 운동센서 2개를 인터페이스와 함께 [그림 2]와 같이 설치한다. 운동센서 위에 있는 범위 선택 스위치를 근접(near)으로 설정한다.

② 프로그램 왼쪽의 Tools 중 상위에 있는 Hardware Setup( )을 눌러서 인터페이스와 센서들이 잘 연결되어 있는지 확인한다. 연결이 잘되었다면 아래 그림과 같이 나타난다. 화면에 두 개의 '속도(m/s)-시간(s)' 그래프가 있는지 확인한다.

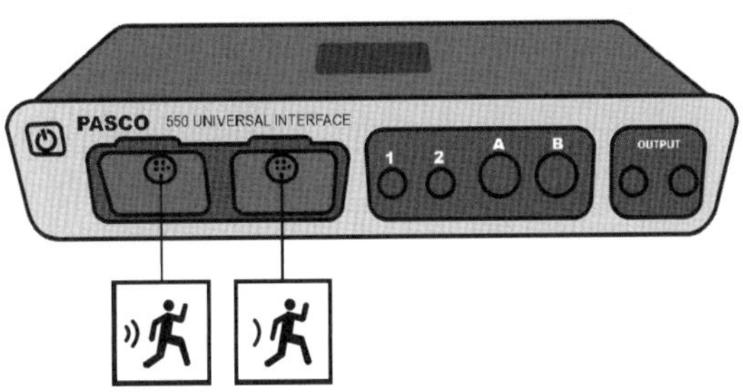

③ 트랙을 평평하게 놓고 카트를 트랙 위에 놓는다. 카트가 구르지 않도록 트랙의 한쪽 끝을 올리거나 내려 높이를 조정한다. 카트의 충돌 부분을 자석이 있는 부분으로 하여

완전탄성충돌이 일어나도록 설치한다.

④ 각 카트의 질량($m_1,\ m_2$)을 측정하고 기록한다.

⑤ 두 카트를 트랙 위에 놓는다. 운동센서1 앞의 카트를 카트1, 운동센서2 앞의 카트를 카트2로 표시한다. 이때 카트를 센서 앞 15cm 이내에 두지 않도록 주의해야 한다.

⑥ Record( )를 눌러 데이터 기록을 시작한다.

⑦ 카트1을 정지 상태로 두고 카트2를 충돌시킨다.

⑧ Stop( )을 눌러 데이터 기록을 종료한다. 그래프에서 두 카트의 충돌 전 속도($v_1,\ v_2$)와 충돌 후 속도($v_1',\ v_2'$)를 기록한다. 운동센서에서 카트가 멀어지는 방향이 속도의 (+)방향이다.

⑨ 측정한 속도를 이용하여 충돌 전후의 운동량($P_i,\ P_f$)과 운동에너지($K_i,\ K_f$)를 구해 보자.

⑩ 카트2의 질량을 증가시키면서 ④~⑨ 실험을 반복한다.

⑪ 카트1과 카트2를 같은 방향 또는 서로 반대 방향으로 움직이면서 충돌하는 실험과 비교해 보자.

⑫ 두 카트가 충돌 후 결합되는 완전비탄성충돌과 두 카트의 충돌 시 에너지 소모가 있는 비탄성충돌을 구분하여 실험해 보자.

결과보고서8. 운동량보존법칙

학과 : 학번 : 이름 :

실험 날짜 : 공동 실험자 :

1. 실험결과 및 분석

1) 완전탄성충돌

[표 1] 완전탄성충돌에서 충돌 전후의 속도

카트1 m_1[kg]	카트2 m_2[kg]	충돌 전		충돌 후	
		카트1 속도 v_1[m/s]	카트2 속도 v_2[m/s]	카트1 속도 v_1'[m/s]	카트2 속도 v_2'[m/s]

[표 2] 완전탄성충돌에서 충돌 전후의 운동량과 운동에너지

충돌 전 운동량 P_i[kg • m/s]	충돌 후 운동량 P_f[kg • m/s]	오차 [%]	충돌 전 운동에너지 K_i[J]	충돌 후 운동에너지 K_f[J]	오차 [%]

질문. 완전탄성충돌에서 운동량과 운동에너지의 변화를 알아보자.

2) 완전비탄성충돌

[표 3] 완전비탄성충돌에서 충돌 전후의 속도

카트1 m_1[kg]	카트2 m_2[kg]	충돌 전		충돌 후	
		카트1 속도 v_1[m/s]	카트2 속도 v_2[m/s]	카트1 속도 v_1'[m/s]	카트2 속도 v_2'[m/s]

[표 4] 완전비탄성충돌에서 충돌 전후의 운동량과 운동에너지

충돌 전 운동량 P_i[kg • m/s]	충돌 후 운동량 P_f[kg • m/s]	오차 [%]	충돌 전 운동에너지 K_i[J]	충돌 후 운동에너지 K_f[J]	오차 [%]

질문. 완전비탄성충돌에서 운동량과 운동에너지의 변화를 알아보자.

3) 비탄성충돌

[표 5] 비탄성충돌에서 충돌 전후의 속도

카트1 m_1[kg]	카트2 m_2[kg]	충돌 전		충돌 후	
		카트1 속도 v_1[m/s]	카트2 속도 v_2[m/s]	카트1 속도 v_1'[m/s]	카트2 속도 v_2'[m/s]

[표 6] 비탄성충돌에서 충돌 전후의 운동량과 운동에너지

충돌 전 운동량 P_i[kg • m/s]	충돌 후 운동량 P_f[kg • m/s]	오차 [%]	충돌 전 운동에너지 K_i[J]	충돌 후 운동에너지 K_f[J]	오차 [%]

질문. 비탄성충돌에서 운동량과 운동에너지의 변화를 알아보자.

2. 실험결과에 대한 논의

2. 실험결과에 대한 논의

실험9 회전운동

1. 목적

회전운동 실험으로 각속도, 각가속도, 관성모멘트, 회전력(토크)의 개념을 이해하고 이들 물리량 간의 상관관계를 알아보자.

2. 이론

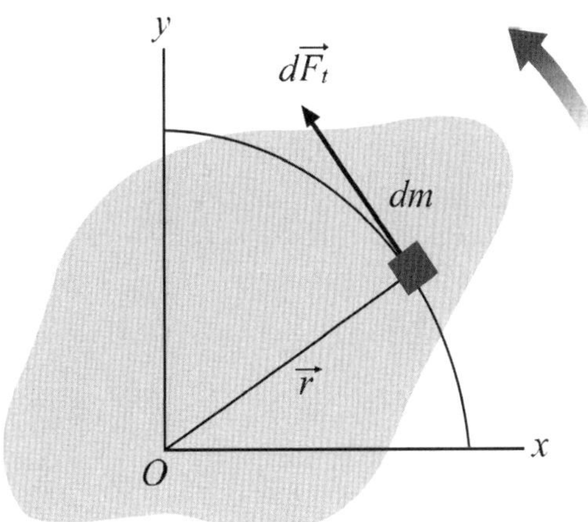

[그림 1] 회전운동

[그림 1]과 같이 회전축으로부터 거리 $\vec{r}$만큼 떨어진 지점에서 질량이 dm인 물체가 회전축에 수직인 힘 $d\vec{F_t}$를 받으면 회전력(토크)이 발생하여 회전운동을 한다. 직선운동에서 힘에 의해 발생하는 가속도와 유사하게, 회전운동에서 토크 $\vec{\tau}$에 의해 발생하는 각가속도 $\vec{\alpha}$는 물체의 회전 각도 θ와 각속도 $\vec{\omega}$를 변화시킨다. 즉, 토크는 회전운동을 일으키는 힘으로, 직선운동에서 힘 $F=ma$와 같이 각가속도 $\vec{\alpha}$에 비례하며, 비례상수는 관성모멘트 $\vec{I}$가 된다. 만약 $\vec{r}$과 $\vec{F}$가 같은 방향의 벡터라면, 회전운동은 일어나지 않는다. $\vec{r}$에 수직으로 작용하는 힘의 성분만 회전운동을 만드는 토크를 유발한다. 즉, 회전반경 $\vec{r}$과 물체에 가해지는 힘 $\vec{F}$가 이루는 각이 θ라면, 물체에 작용하는 토크의 크기는 $|\vec{\tau}| = |\vec{r}\times\vec{F}| = rF\sin\theta$이다.

$$\vec{\tau} = \vec{r}\times\vec{F} = I\vec{\alpha} \tag{1}$$

$\vec{r}$: 회전축에서 물체까지의 직선거리

$\vec{F}$: 물체에 가해지는 힘

I: 물체의 관성모멘트

$\vec{\alpha}$: 각가속도

관성모멘트 I는 회전운동을 방해하는 물리량으로, 직선운동의 힘인 $F=ma$에서 질량 m에 대응하는 개념이다. 관성모멘트 I는 회전축으로부터의 거리 r의 제곱과 m의 곱으로 표현된다. 일정한 토크가 작용하는 경우, 물체가 회전축에서 멀리 떨어져 있으면 물체를 회전시키기 어렵고, 회전축에 가까우면 쉽게 회전시킬 수 있다.

$$I = \sum_i m_i r_i^2 = \int r^2\,dm \tag{2}$$

I: 물체의 관성모멘트

m: 물체의 질량

r: 회전축에서 물체까지의 수직거리

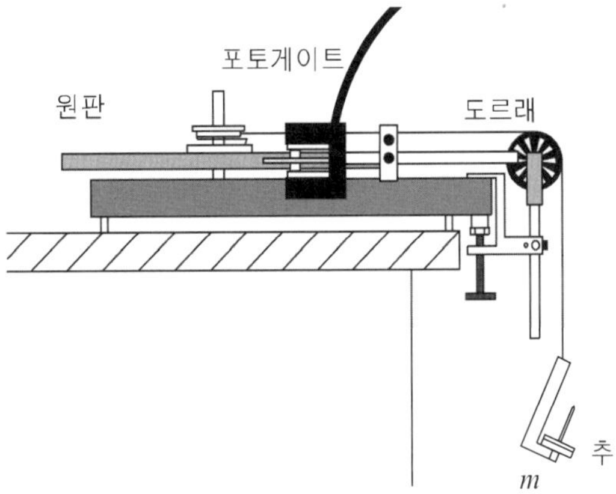

[그림 2] 중력에 의한 회전운동

[그림 2]는 본 실험에서 사용할 중력에 의한 회전운동 실험장치이다. 회전반경이 $\vec{r}$인 회전원판에 감긴 실을 수평 위치에서 도르래에 통과시키고, 줄의 끝에 질량 m인 물체를 수직으로 매달아 놓는다. 물체에 작용하는 중력 $m\vec{g}$는 실에 장력 $\vec{T}$를 제공하며 이 힘은 회전원판을 돌리는 토크로 작용한다. 실험장치에서 장력과 회전반경은 수직이다. 물체에 대한 운동방정식은 식 (3)과 같다. 아래쪽으로 작용하는 $m\vec{g}$와 위쪽으로 작용하는 $\vec{T}$의 차이로 물체는 가속도가 $\vec{a}$인 등가속도 운동을 한다.

$$\sum F = mg - T = ma = mr\alpha \tag{3}$$

그리고 실에 작용하는 장력은 관성모멘트 I를 가진 원판을 회전시키므로 각가속도 α와 가속도 a의 관계는 식 (4)와 같다.

$$\begin{aligned} \tau &= Tr = I\alpha \\ a &= r\alpha \end{aligned} \tag{4}$$

식 (3)과 식 (4)를 이용하여 정리하면 식 (5)와 같이 회전가속도 α를 구할 수 있다.

$$\begin{aligned} T &= mg - mr\alpha \\ \tau &= mgr - mr^2\alpha = I\alpha \\ mgr &= I\alpha + mr^2\alpha \\ \alpha &= \frac{mgr}{I + mr^2} \end{aligned} \tag{5}$$

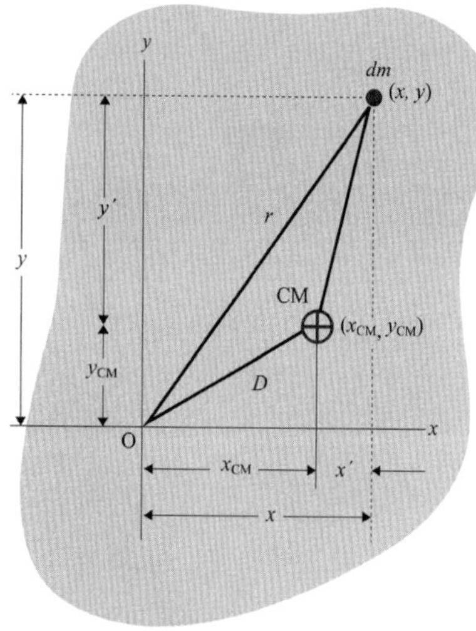

[그림 3] 질량중심에서 떨어진 위치에 회전축이 있는 강체

강체의 회전축과 질량중심이 다른 경우, 식 (2)를 이용하여 관성모멘트를 구할 수 있지만, 평행축 정리를 사용하여 더 쉽게 관성모멘트를 계산할 수 있다. [그림 3]과 같이 $x-y$ 평면에서 강체의 질량중심이 (x_{CM}, y_{CM})이고 원점 O가 회전축이라면, 강체의 관성모멘트는 (x, y) 위치의 미소질량 dm의 관성모멘트를 전체 질량 분포에 대해 적분하면 된다.

$$
\begin{aligned}
I &= \int r^2 dm = \int (x^2 + y^2) dm \\
&= \int \left[\left(x' + x_{CM}\right)^2 + \left(y' + y_{CM}\right)^2 \right] dm \\
&= \int \left[(x')^2 + (y')^2 \right] dm + 2x_{CM} \int x' dm + 2y_{CM} \int y' dm + \left(x_{CM}^2 + y_{CM}^2\right) \int dm \\
&= \int \left[(x')^2 + (y')^2 \right] dm + \left(x_{CM}^2 + y_{CM}^2\right) \int dm \\
&= I_{CM} + D^2 M
\end{aligned}
\quad (6)
$$

식 (6)의 계산과정에서 $\int x' dm$과 $\int y' dm$은 질량중심을 원점으로 한 $x'-y'$ 좌표계에서의 모든 질점의 합이다. 즉, 모든 미소질량은 질량중심을 기준으로 서로 대칭 위치에 있으므로 모든 질량분포의 합은 $\int x' dm = \int y' dm = 0$이다. D는 회전축과 평행한 질량중심축 사이의 거리이며, M은 강체의 질량이다. 그러므로, 강체 내 질량중심에 대한 관성모멘트 I_{CM}을 알고, 질량중심과 회전축 사이의 거리 D와 강체의 질량 M을 안다면 회전축이 질량중심과 다르더라도 임의의 회전축에 대한 관성모멘트를 구할 수 있다.

3. 실험장치

베이스, 주축, 수평계, 3단계 회전원통(회전반경 1.50cm, 2.00cm, 2.50cm), 인터페이스, 컴퓨터

회전체	질량[kg]	모양	관성모멘트[kgm^2]
메인 원판	0.991	반경 12.7cm	7.50×10^{-3}
보조 원판	0.894	반경 12.7cm	7.22×10^{-3}
강철 막대	0.690	면적 22.2×5.1cm	2.97×10^{-3}
강철 링	0.701	외반경=6.4cm, 내반경=5.4cm	2.46×10^{-3}

4. 실험방법

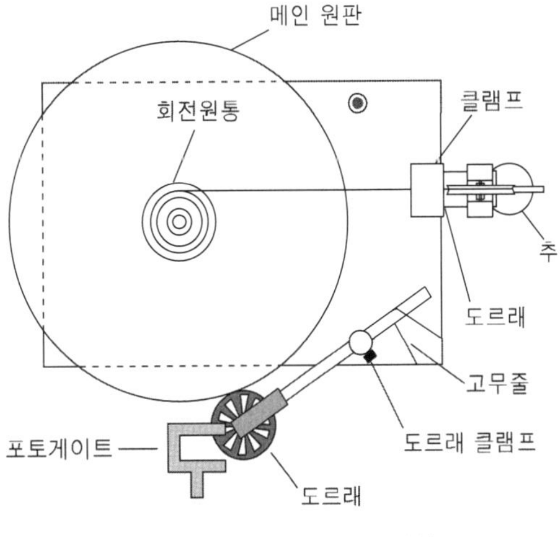

[그림 4] 회전운동 실험장치

① 회전운동 실험장치에 포토게이트를 [그림 4]와 같이 설치한다.

② 프로그램 왼쪽의 Tools 중 상위에 있는 Hardware Setup( )을 눌러서 인터페이스와

센서들이 잘 연결되어 있는지 확인한다. 연결이 잘되었다면 아래 그림과 같이 나타난다. 포토게이트가 연결되어 있지 않으면 1번을 클릭하여 포토게이트를 선택한다. 프로그램 오른쪽의 아이콘 중에 그래프를 드래그하여 '각속도(rad/s)-시간(s)' 그래프를 만든다.

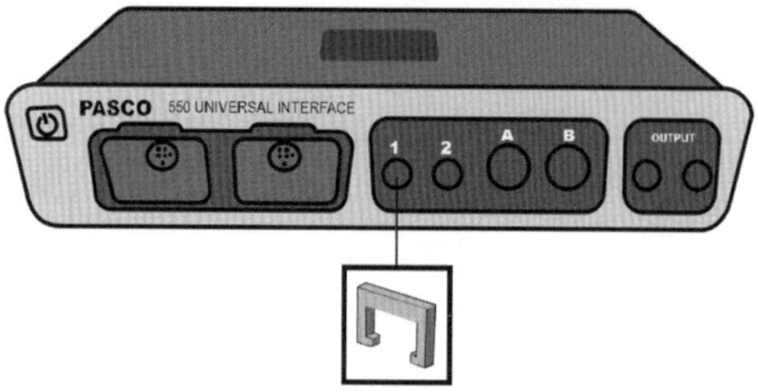

③ 좌측의 Timer setup 아이콘을 클릭한다.

1번 항목: Pre Configured Timer 아이콘을 선택

2번 항목: photogate ch1 채널을 확인

3번 항목: Select a Timer를 클릭 → photogate with pulley [next]

4번 항목: 측정하고자 하는 실험값(Angular Speed)을 체크

5번 항목: spoke arc length, spoke angle을 입력 후 [next]

6번 항목: [Finish] → [Save]

④ 베이스를 평행한 테이블에 고정하고 수평계를 사용하여 수평을 맞춘다. 수평이 아닌 경우 베이스의 수평 보조다리(Leveling supports)를 사용한다. 주축(Spindle)을 베이스의 베어링에 꽂는다. 3단계 회전원통(Step pulley)이 주축 위로 오도록 메인 원판을 꽂는다. 보조 원판, 강철 링, 강철 막대를 사용하는 경우 3단계 회전원통은 아래를 향하도록 설치한다.

⑤ 두 베이스의 다리 사이에 클램프를 배치하고 클램프의 구멍이 스마트 도르래(Smart Pulley) 막대를 통과하도록 한 후 나사로 고정한다.

⑥ 3단계 회전원통 중 가장 반지름이 작은 회전원통의 끝에 실의 끝을 고정한다. 이 실은 메인 원판과 정확히 평행해야 하며 회전반경에 수직이 되도록 각도와 높이를 조정한다.

⑦ 3단계 회전원통의 가장 작은 반지름(1.50cm)에 1.0m 길이의 실을 연결하고 회전원통에 약 4~5번 감는다. 실을 감을 때 실이 겹치지 않도록 주의한다. 회전원통의 반지름 r을 표에 기록한다.

⑧ 수직으로 매달린 추걸이(5g)에 질량이 40g인 추를 단다. 추와 추걸이를 합한 전체 질량 m과 원판의 관성모멘트 I를 표에 기록한다.

⑨ 추걸이가 바닥으로 떨어지는 동안 원판과 같이 회전하는 도르래의 각가속도 $\alpha_{도르래}$를 구한다. '각속도(rad/s)-시간(s)' 그래프에서 fitting 아이콘( )을 선택하여 기울기, 즉 각가속도를 구할 수 있다. 측정한 각가속도를 원판의 각가속도 $\alpha_{원판}$으로 변환하여 표에 기록한다. 원판과 도르래의 각가속도와 반지름의 비는 $\alpha_{도르래} : \alpha_{원판} = r_{원판} : r_{도르래}$이다.

⑩ 실험으로 구한 $\alpha_{원판}$과 I, r, m, 중력가속도 $g = 9.8\ \mathrm{m/s^2}$를 사용하여 이론적으로 계산한 각가속도와 비교해 보자.

⑪ 추의 질량을 변화시켜 ⑦~⑩ 실험을 반복한다. 질량과 $\alpha_{원판}$의 그래프를 이용하여 두 물리량의 관계를 알아보자.

⑫ 식 (4)와 같이 $\alpha_{원판}$을 이용하여 줄의 장력과 토크를 계산한다. $\alpha_{원판}$과 토크의 그래프를 이용하여 두 물리량의 관계를 알아보자.

⑬ 추의 질량과 관성모멘트를 고정하고, 3단계 회전원통의 회전반경을 2.00cm, 2.50cm로 변경해 가며 ⑦~⑩ 실험을 반복한다. 이때 줄과 회전반경이 수직이 되도록 주의해야 한다.

⑭ 회전반경과 $\alpha_{원판}$ 그래프, $\alpha_{원판}$과 토크의 그래프를 이용하여 물리량의 관계를 알아보자.

⑮ 추의 질량과 회전반경을 고정하고, 관성모멘트를 변화시켜 가며 ⑦~⑩ 실험을 반복한다. 이를 위해 메인 원판을 뒤집어 주축에 고정한 후 보조 원판, 강철 링 또는 강철 막대를 메인 원판 위에 연결한다. 단, 각 회전체의 질량중심은 일치한다.

⑯ 관성모멘트와 각가속도 실험값의 그래프를 이용하여 두 물리량의 관계를 알아보자.

⑰ 질량중심이 일치하지 않도록 원형 링을 원판 위에 설치한다. 회전축을 원형 링 안쪽 면에 접촉시켜 원형 링이 미끄러지지 않도록 한다. ⑦~⑩ 실험을 반복하여 각속도를 측정하고, 질량중심이 일치하지 않는 물체의 관성모멘트 실험값을 구한다.

⑱ 평행축 정리를 이용하여 원판과 원형 링의 관성모멘트 이론값을 계산하고, 실험값과 비교해 보자.

결과보고서9. 회전운동

학과 : 학번 : 이름 :
실험 날짜 : 공동 실험자 :

1. 실험결과 및 분석

1) 질량 변화

회전반경(r) = m

관성모멘트(I) = $\text{kg} \cdot \text{m}^2$

[표 1] 질량과 각가속도

질량 m[kg]	각가속도 α[rad/s^2]		오차[%]
	실험값	이론값	

[표 2] 질량의 변화에 따른 각가속도와 토크

실험값 각가속도 α[rad/s^2]	장력 T[N]	토크 τ[N · m]

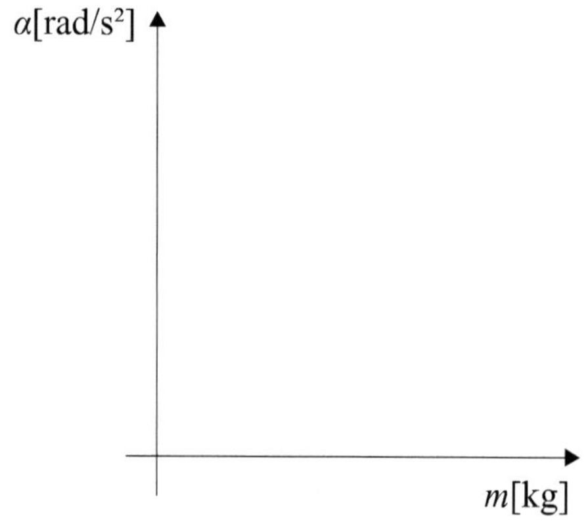

[그래프 1] 질량과 각가속도

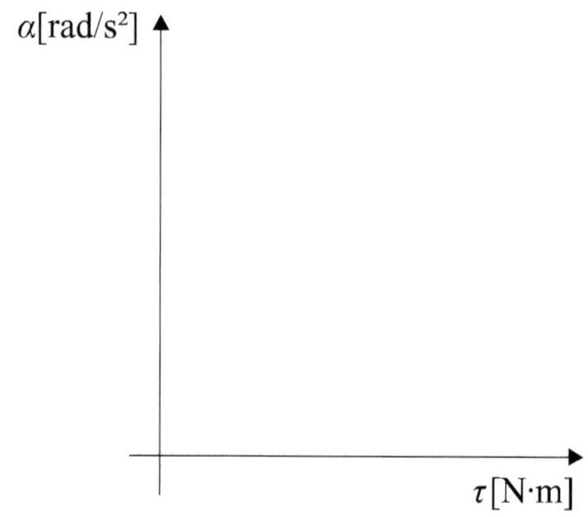

[그래프 2] 질량 변화에 따른 토크와 각가속도

질문 1. 질량의 변화와 각가속도의 관계를 알아보자.

질문 2. 질량의 변화에 따른 토크와 각가속도의 관계를 알아보자.

결과보고서

2) 회전반경 변화

질량(m) = kg

관성모멘트(I) = kg • m^2

[표 3] 회전반경과 각가속도

회전반경 r[m]	각가속도 α[rad/s^2]		오차[%]
	실험값	이론값	

[표 4] 회전반경 변화에 따른 각가속도와 토크

실험값 각가속도 α[rad/s^2]	장력 T[N]	토크 τ[N • m]

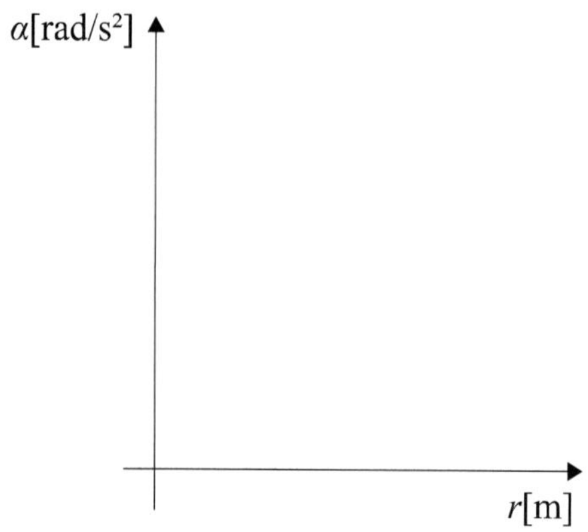

[그래프 3] 회전반경과 각가속도

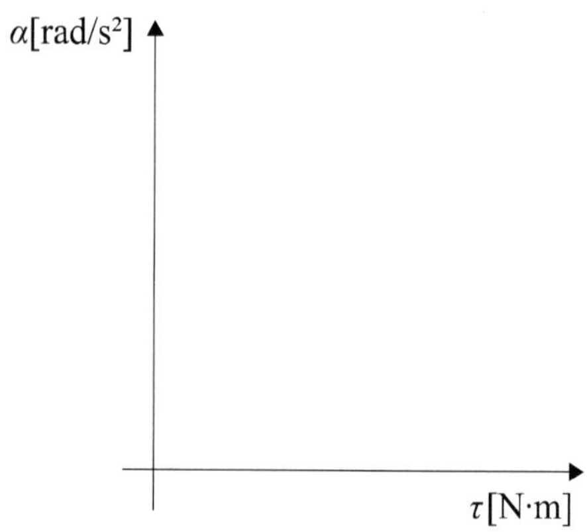

[그래프 4] 회전반경 변화에 따른 토크와 각가속도

질문 1. 회전반경의 변화와 각가속도의 관계를 알아보자.

질문 2. 회전반경의 변화에 따른 토크와 각가속도의 관계를 알아보자.

3) 관성모멘트 변화

회전반경(r) = m

질량(m) = kg

[표 5] 관성모멘트와 각가속도

관성모멘트 I[kg • m^2]	각가속도 α[rad/s^2]		오차[%]
	실험값	이론값	

[표 6] 관성모멘트 변화에 따른 각가속도와 토크

실험값 각가속도 α[rad/s^2]	장력 T[N]	토크 τ[N • m]

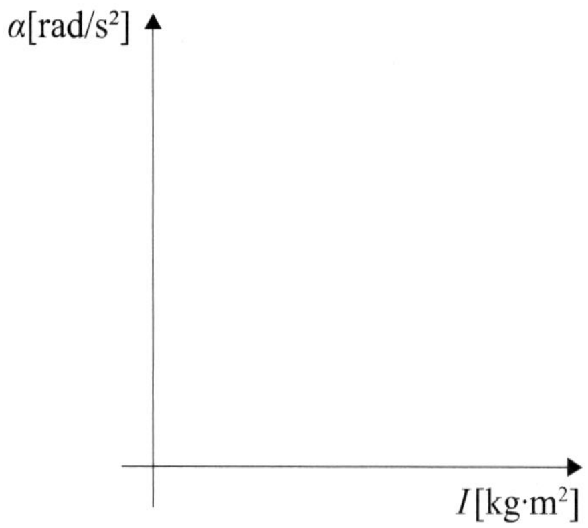

[그래프 5] 관성모멘트와 각가속도

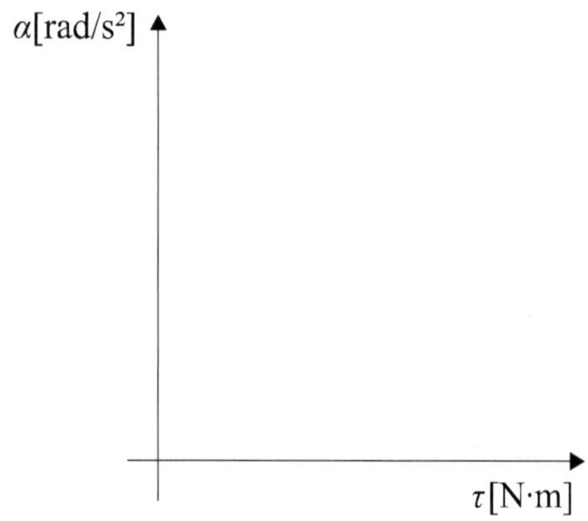

[그래프 6] 관성모멘트 변화에 따른 토크와 각가속도

질문 1. 관성모멘트 변화와 각가속도의 관계를 알아보자.

질문 2. 관성모멘트 변화에 따른 토크와 각가속도의 관계를 알아보자.

4) 회전축이 다른 물체의 관성모멘트 계산

이론값 = $\qquad$ $kg \cdot m^2$

실험값 = $\qquad$ $kg \cdot m^2$

오차 = $\qquad$ %

질문. 물체에 대한 관성모멘트를 평행축 정리를 이용하여 알아보자.

2. 실험결과에 대한 논의

실험10 정적 평형

1. 목적

트러스 세트를 이용하여 제작한 교량의 수직항력과 구조물 내부에서 빔이 받는 힘을 구해 보자.

2. 이론

여러 가지 힘이 물체에 동시에 작용할 때 물체의 운동은 물체에 작용하는 모든 힘의 벡터 합으로 결정된다. 뉴턴의 제1법칙은 물체에 외력이 작용하지 않으면 물체의 속도는 변하지 않는다는 것이다.

$$\text{뉴턴의 제1법칙: } \sum \vec{F} = 0 \tag{1}$$

마찬가지로 여러 가지 토크가 물체에 동시에 작용할 때 물체의 회전은 물체에 작용하는 모든 토크의 벡터 합으로 결정된다. 뉴턴의 제1법칙과 같이 물체에 토크가 작용하지 않으면 물체는 회전하지 않는다.

$$\sum \vec{\tau} = 0 \tag{2}$$

정적 평형 상태란 물체에 작용하는 외력의 합과 토크의 합이 0이 되는 상태를 말한다. 정적 평형의 대표적인 예가 트러스 구조이다. 트러스 구조의 정적 평형은 이 구조물을 강체로 간주할 때, 이 물체에 작용하는 모든 힘의 합력이 0이고, 어떤 위치를 회전축으로 하더라도 회전축을 중심으로 작용하는 모든 토크의 합이 0임을 나타낸다. 또한, 트러스 구조를 형성하는 여러 개의 빔이 만나는 한 점도 정적 평형 상태이며, 이 점에 작용하는 모든 힘의 합은 0이다. 트러스 구조물을 이루는 빔이 만나는 모든 점은 정적 평형 상태에 있으므로 이를 이용하여 각각의 빔에 작용하는 힘을 구할 수 있다. 각각의 빔에는 장력(Tension force, T)과 압축력(Compression, C) 두 가지 형태의 힘이 작용한다.

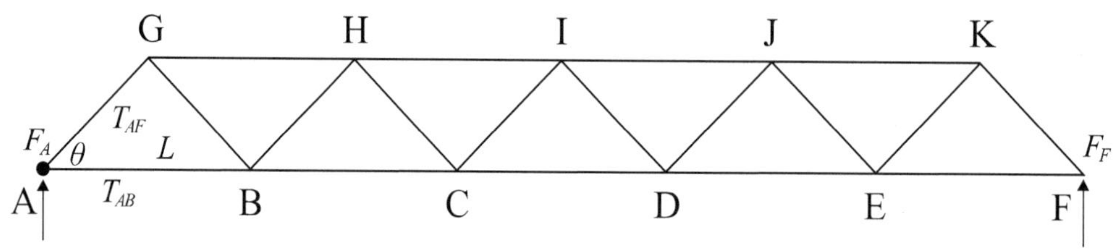

[그림 1] 트러스 구조

[그림 1]과 같이 트러스 구조 교량 양쪽 A점과 F점을 기둥이 떠받들고 있다. 빔 한 개의 길이가 L이고 구조물 전체 질량이 M이면, 교량에 작용하는 중력은 Mg이다. 교량을 하나의 강체로 보면 교량의 질량중심, 즉 무게중심에 작용하는 힘은 Mg이다. 교량의 모양은 I점을 지나는 수직축을 기준으로 대칭이므로, 이 수직축에 질량중심이 존재한다. 교량에 작용하는 힘은 A점의 수직항력 F_A, F점의 수직항력 F_F, 교량의 중력 Mg의 합이고, 정적 평형 상태에 있으므로, 합력은 0으로 식 (3)과 같다. A점과 F점의 수직항력은 중력과 반대 방향이므로 부호가 반대이다.

$$\sum F = F_A + F_F - Mg = 0 \tag{3}$$

A점을 회전축으로 하는 교량의 토크의 합은 0으로 식 (4)와 같다. 어느 지점을 회전축으로 하더라도 교량에 작용하는 토크의 합은 0이다.

$$A: \sum \tau = 0$$

$$2.5L \times Mg - 5LF_F = 0 \tag{4}$$

식 (3)과 식 (4)를 연립하여 식 (5), (6)과 같이 트러스 구조물을 양쪽에서 받치고 있는 수직항력 F_A과 F_F를 구할 수 있다.

$$F_F = \frac{1}{2}Mg \tag{5}$$

$$F_A = \frac{1}{2}Mg \tag{6}$$

A점에 작용하는 힘의 x성분인 F_x와 y성분인 F_y가 각각 0임을 이용하여 빔에 작용하는 장력을 구할 수 있다. A점의 꼭짓점으로 이루어진 삼각형은 정삼각형이므로 A점의 각도는 $\theta = 45°$이다. AG빔의 장력을 T_{AG}, AB빔의 장력을 T_{AB}라 하면 식 (7)을 이용하여 구할 수 있다. 여기서 장력은 양수이다. 주의할 점은 힘은 벡터량이므로 장력의 방향을 고려해야 한다는 것이다. 장력은 양수(+) 또는 음수(-)로 빔에 작용하는 힘이 장력 또는 압축력임을 알 수 있다.

$$\begin{aligned} A: \sum F_y &= F_A - T_{AG}\sin 45° = 0 \\ \rightarrow T_{AG} &= \frac{1}{\sin 45°} \times F_A = \frac{M}{2}\sqrt{2}\,g \\ \sum F_x &= T_{AB} - T_{AG}\cos 45° = 0 \end{aligned} \tag{7}$$

G점에 작용하는 외력의 합이 0임을 이용하여 BG빔에 작용하는 장력 T_{BG}를 식 (8)을 이용하여 구할 수 있다.

$$G: \sum F_y = T_{AG}\sin 45° - \mathrm{T}_{BG}\sin 45° = 0 \tag{8}$$

마찬가지로 교량의 각 점에 작용하는 외력의 합은 0임을 이용하여 각각의 빔에 작용하는 장력을 계산할 수 있다.

이번에는 [그림 1]과 같은 트러스 구조물의 B점에 질량 m인 물체를 올려놓았을 때 수직항력과 빔의 장력이 어떻게 변화하는지 알아보자. 이는 카트가 교량 위를 지나가는 경우로 생각할 수 있다. 이 구소물은 정적 평형 상태에 있으므로 식 (9)와 같이 구조물에 작용하는 힘의 합력은 0이다. F_A과 F_F는 위 방향, Mg와 mg는 아래 방향이므로 부호가 반대이다. 구조물이 정적 평형 상태이므로 토크의 합도 0으로, A점을 회전축으로 하는 구조물의 토크의 합은 식 (10)과 같고, 식 (9)와 식 (10)을 연립하면 식 (11)과 같이 F_A, F_F를 계산할 수 있다.

$$\sum F = F_A + F_F - Mg - mg = 0 \tag{9}$$

$$A: \sum \tau = 0$$
$$\rightarrow 2.5L \times Mg + Lmg - 5LF_F = 0 \tag{10}$$

$$F_F = \frac{2}{5}mg + \frac{1}{2}Mg$$
$$F_A = \frac{3}{5}mg + \frac{1}{2}Mg \tag{11}$$

식 (12)와 같이 A점에 작용하는 힘의 합력으로 T_{AG}를 구할 수 있다. 또한, 식 (13)과 같이 G점에 작용하는 힘의 합력으로 T_{BG}를 구할 수 있다. B점에서 작용하는 힘은 T_{BG}, T_{BH}뿐만 아니라 mg도 포함되므로 식 (14)와 같이 나타난다. 이를 이용하여 T_{BH}를 구할 수 있다.

$$A: \sum F_x = T_{AB} - T_{AG}\cos 45^\circ = 0$$
$$\sum F_y = F_A - T_{AG}\sin 45^\circ = 0$$
$$T_{AG} = \frac{1}{\sin 45^\circ} \times F_A = (\frac{3}{5}m + \frac{1}{2}M)\sqrt{2}\,g \tag{12}$$

$$G: \sum F_y = T_{AG}\sin 45^\circ - \mathrm{T}_{BG}\sin 45^\circ = 0 \tag{13}$$

$$B: \sum F_y = T_{BG}\sin 45^\circ - mg + T_{BH}\sin 45^\circ = 0 \tag{14}$$

3. 실험장치

트러스 세트, 로드 셀, 센서, 인터페이스, 카트

4. 실험방법

1) 수직항력

① [그림 1]과 같이 트러스 구조를 만든다. 구조는 3차원이지만 중력이 지면에 수직으로 작용하므로 2차원 평면 구조로 간주한다.

② 교량의 질량 M을 측정한다.

③ A점과 F점의 위치에 전자저울을 설치하여 A점과 F점의 수직항력을 측정한다.

④ M과 교량의 길이 L을 이용하여 A점과 F점의 수직항력을 계산한다.

⑤ 측정한 수직항력 실험값과 계산한 수직항력 이론값을 비교해 보자.

⑥ B점에 1.0kg 질량의 물체를 매달고, A점과 F점의 수직항력을 측정한 다음, 계산한 수직항력 이론값과 비교해 보자.

⑦ 1.0kg 물체의 위치를 C, D, E 지점으로 변경하면서 ③~⑤ 실험을 반복해 보자.

⑧ 매달리는 질량의 위치를 고정하고, 물체의 질량을 변화시키면서 ③~⑤ 실험을 반복해 보자.

2) 빔의 장력

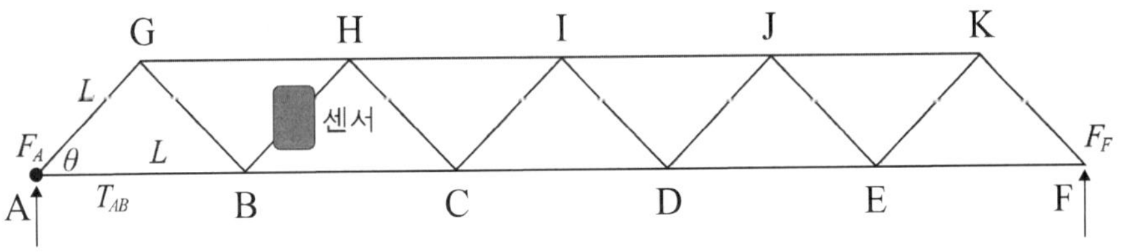

[그림 2] 트러스 구조와 센서

① [그림 2]과 같이 트러스 구조의 BH빔에 센서를 설치한다.

② 프로그램 왼쪽의 Tools 중 상위에 있는 Hardware Setup( )을 눌러서 인터페이스와 센서들을 확인한다. 연결이 잘되었다면 다음 그림과 같이 나타난다. 프로그램 오른쪽의 아이콘 중에서 Table을 드래그하여 힘을 측정하는 Table을 만들고, 아이콘(Σ ▾)을 선택하여 Table에서 평균값을 측정한다.

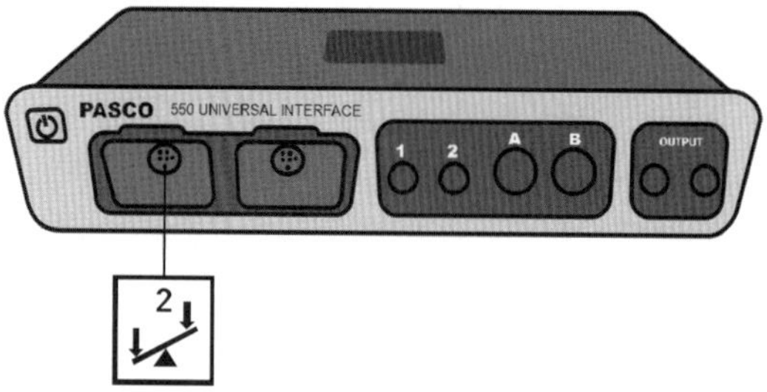

③ 빔에 센서를 설치하면서 센서에 가해지는 힘을 제거하기 위해 설치 후 센서의 초기화 버튼을 눌러 힘을 0으로 만든다. 힘을 초기화하면, 빔의 질량에 의한 힘은 무시되고, 매달리는 질량 m인 물체에 의한 빔의 장력만 측정된다. 빔의 중력에 의한 효과는 수직항력을 이용한 계산으로 구할 수 있다.

④ B점에 매달린 줄에 질량 1.0kg인 물체를 연결하여 센서가 받는 힘을 측정한다. 힘과 토크의 평형을 이용하여 이론값을 계산하고 이를 측정값과 비교해 보자.

⑤ 매달리는 질량의 위치를 C, D, E 지점으로 변경하면서 ③~④ 실험을 반복한다. 질량의 위치에 따른 빔 장력의 변화를 그래프로 그리고 분석한다.

⑥ 매달리는 질량의 위치를 고정하고, 물체의 질량을 변화시키면서 ③~④ 실험을 반복한다.

⑦ 프로그램에서 거리와 장력의 그래프를 설정한다. 교량에 트랙을 설치하고 센서를 초기화한다. 카트를 트랙 위에 놓고 손으로 밀어 이동하면서 센서로 빔의 장력을 측정한다.

⑧ 매달리는 물체의 위치에 대한 그래프와 카트의 그래프를 비교하여 분석해 보자.

결과보고서 10. 정적 평형

학과 : 학번 : 이름 :

실험 날짜 : 공동 실험자 :

1. 실험결과 및 분석

1) 수직항력

교량의 질량(M) = kg

[표 1] 매달리는 질량의 위치에 따른 교량의 수직항력

질량 m[kg]	질량의 위치	수직항력 n[N]		오차[%]
		실험값	이론값	

질문. 교량 위에 있는 물체의 위치에 따른 교량 양 끝 지점의 수직항력 변화를 알아보자.

2) 빔 장력

교량의 질량(M) = kg

[표 2] 질량의 위치에 따른 빔 장력

질량 m[kg]	질량의 위치	센서 위치	빔 장력[N]		오차[%]
			실험값	이론값	

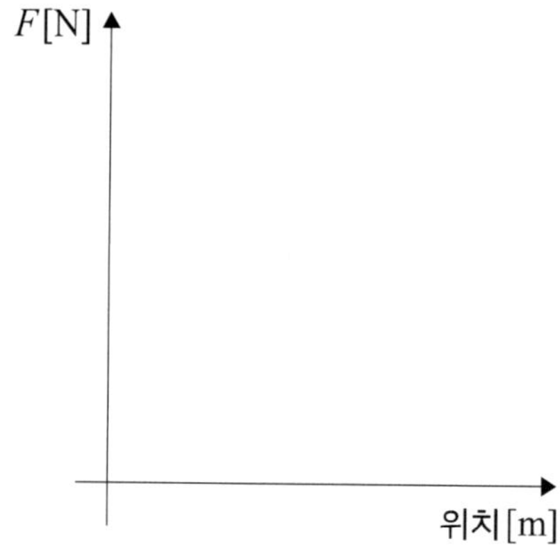

[그래프 1] 위치에 따른 빔 장력

질문. 교량 위에 있는 물체의 위치에 따라 교량을 구성하는 빔 장력이 어떻게 변화하는지 알아보자.

3) 카트

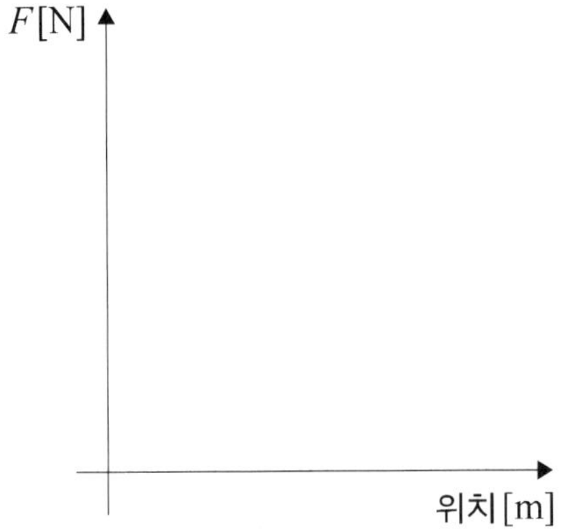

[그래프 2] 교량 위 카트의 위치에 따른 빔 장력

질문 1. 교량 위에 있는 카트의 위치에 따라 빔 장력이 어떻게 변화하는지 알아보자.

질문 2. 물체의 위치에 따른 빔 장력을 나타낸 [그래프 1]과 교량 위로 움직이는 카트의 위치에 따른 빔 장력을 나타낸 [그래프 2]를 비교해 보자.

2. 실험결과에 대한 논의

실험11 부력

1. 목적

물속에 잠긴 물체의 깊이에 따른 부력을 비교하고, 질량이 다르지만 부피가 같은 물체에도 같은 부력이 작용하는지 알아보자. 임의의 물체의 부력을 측정하여 물체의 밀도를 구해 보자.

2. 이론

유체가 물체에 가하는 힘은 항상 물체의 표면에 수직으로 작용한다. 물체에 작용하는 힘이 F이고 물체가 받는 힘의 면적이 A이면, 이 면적이 받는 압력(pressure) P는 단위 면적당 힘의 크기로 정의하며 식 (1)과 같이 나타낸다. 압력은 물체에 작용하는 힘의 크기에 비례하므로 스칼라양이다.

$$P = \frac{F}{A} \tag{1}$$

면의 위치마다 압력 P가 다른 경우, 미소 면적 dA에 작용하는 미소 힘 dF는 식 (2)와 같다.

$$dF = P\,dA \tag{2}$$

물체의 면에 작용하는 전체 힘은 식 (2)를 전체 면에 대하여 적분해야 한다. 압력의 단위는 SI 단위계에서 $\mathrm{N/m^2}$이며, 이를 파스칼(Pa)이라 정의한다.

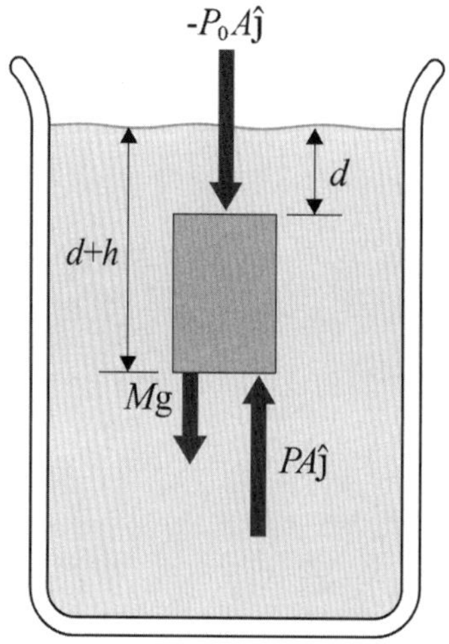

[그림 1] 비커에 담겨 있는 원통형 유체에 작용하는 힘

깊이에 따라 유체의 압력이 어떻게 증가하는지 알아보자. 물질의 밀도는 단위 부피당 질량으로 정의된다. [그림 1]과 같이 비커 내부에 정지 상태에서 밀도가 ρ인 액체가 담겨 있다. ρ는 유체 내부에서 일정하다고 가정하자. 이는 이 액체가 비압축성임을 의미한다. 윗면과 아랫면의 면적이 A이고 높이가 h인 원통형의 유체를 고려하자. 윗면의 깊이는 d이다. 원통 표면의 모든 곳에서 표면에 수직한 힘이 가해지므로, 이 원통형 유체에 작용하는 힘은 윗면에서 아래로 작용하는 힘, 아랫면에서 위로 작용하는 힘, 그리고 유체의 중력이다. 옆면에 작용하는 힘은 서로 상쇄된다. 윗면이 받는 압력을 P_0, 아랫면이 받는 압력을 P라 하면, 윗면에 작용하는 힘은 P_0A이고 아랫면에 작용하는 힘은 PA이다. 원통에 담긴 유체의 질량은 $M = \rho V = \rho Ah$이므로, 유체의 무게는 $Mg = \rho Ahg$이다. 유체가 정지 상태에 있으므로 평형 상태의 입자로 모형화하면 유체에 작용하는 알짜힘은 0이다. 위쪽이 $+y$방향일 경우, 힘의 합력은 식 (3)과 같이 구할 수 있다. 즉, 용기의 모양에 관계없이 같은 깊이의 모든 지점에서 유체의 압력은 같다.

$$\sum F_y = 0 \rightarrow PA - P_0A - Mg = 0$$
$$\rightarrow PA - P_0A - \rho Ahg = 0$$
$$\rightarrow P = P_0 + \rho gh \quad (3)$$

압력이 P_0인 위치로부터 깊이가 h인 지점의 압력 P는 P_0보다 ρgh만큼 크다. 즉, 유체의 표면으로부터 깊이 h인 지점의 절대압력 P는 대기압보다 ρgh만큼 크다. 대기압의 크기는 $P_0 = 1.00\,\mathrm{atm} = 1.013 \times 10^5\,\mathrm{Pa}$이다.

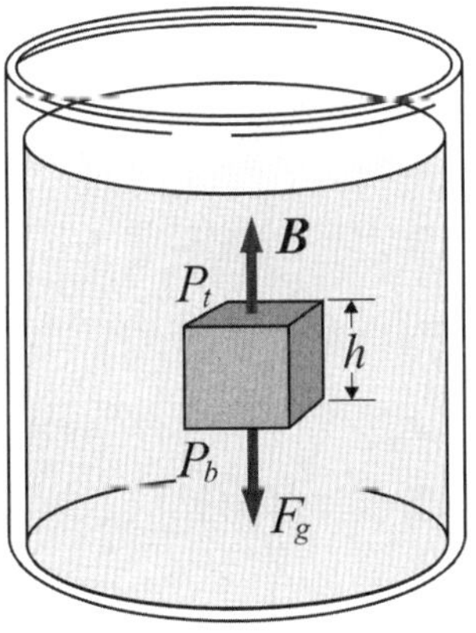

[그림 2] 유체 속에 잠긴 딱딱한 육면체 물질

한 물체의 전체 또는 일부가 유체 안에 잠기면, 물체가 잠기면서 밀려난 유체의 무게와 같은 크기의 힘으로 물체가 뜬다. 이를 아르키메데스의 원리라고 한다.

[그림 2]에서 비커 안의 유체에 잠겨 있는 육면체 아랫면의 압력 P_b은 윗면의 압력 P_t보다 $\rho_{fluid}gh$만큼 크다. 여기서 ρ_{fluid}는 유체의 밀도이고, h는 육면체의 높이이다. 육면체 각 면의 넓이가 A라면, 아랫면에 위로 작용하는 힘 P_bA와 윗면에 아래로 작용하는 힘 P_tA의 합이 유체가 물체에 작용하는 부력이다. 부력의 크기는 식 (4)와 같이 나타난다.

$$B(부력) = (P_b - P_t)A = (\rho_{fluid}gh)A = \rho_{fluid}gV \quad (4)$$

여기서 Ah는 육면체에 의하여 밀려난 유체의 부피 V_{fluid}이다. $\rho_{fluid}Ah$는 물체에 의하여 밀려난 유체의 질량과 같으므로 육면체에 작용하는 부력은 같은 크기의 유체에 작용하는 중력과 같다.

밀려난 유체의 부피 V_{fluid}는 물체의 부피 V_{obj}와 같으므로, 부력의 크기는 식 (5)로 나타난다.

$$B = \rho_{fluid} V_{obj} g \tag{5}$$

만일 물체의 질량이 M이고 밀도가 ρ_{obj}이면, 물체의 무게는 식 (6)으로 나타나며,

$$F_g(\text{물체의 무게}) = Mg = \rho_{obj} V_{obj} g \tag{6}$$

물체에 작용하는 알짜힘은 식 (7)과 같다.

$$F = B - F_g = (\rho_{fluid} - \rho_{obj}) V_{obj} g \tag{7}$$

따라서 물체의 밀도가 유체의 밀도보다 작으면($\rho_{obj} < \rho_{fluid}$), 중력이 부력보다 작아 고정되지 않은 물체는 위로 가속된다. 물체의 밀도가 유체의 밀도와 같으면($\rho_{obj} = \rho_{fluid}$), 물체에 작용하는 알짜힘은 0이 되고 물체는 평형 상태에 있게 된다. 따라서 유체 속에 잠긴 물체의 운동 방향은 ρ_{obj}와 ρ_{fluid}에 의해서만 결정된다.

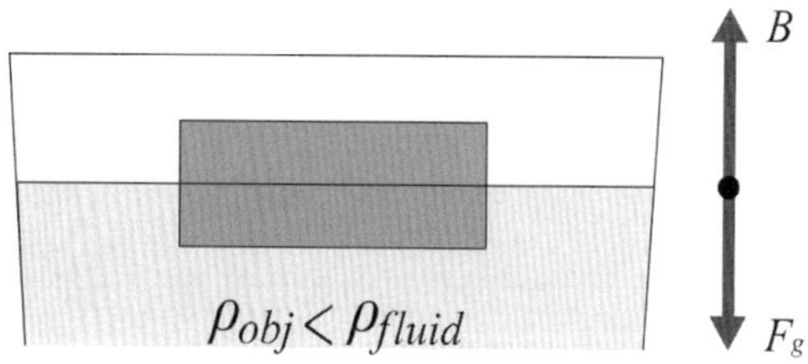

[그림 3] 유체 표면에 떠 있는 물체

[그림 3]과 같이 밀도가 ρ_{obj}이고 부피가 V_{obj}인 물체가 유체 표면에 떠올라서 중력과 부력이 균형을 이룬 정적 평형 상태에 있다. 물체에 의하여 밀려난 유체의 부피는 V_{fluid}이고, 이는 유체 표면 아래에 잠긴 물체의 부피와 같다. 부력의 크기는 식 (5)와 같고, 물체의 무게는 식 (6)과 같으므로 부력과 중력의 평형 조건은 식 (8)과 같다.

$$\text{평형 조건: } B = F_g \rightarrow \frac{\rho_{obj}}{\rho_{fluid}} = \frac{V_{fluid}}{V_{obj}} \tag{8}$$

즉, 떠 있는 물체의 전체 부피 중 유체 표면 아래의 부피가 차지하는 비율은 유체 밀도에 대한 물체 밀도의 비율과 같다. 마찬가지로, 바다 위에 떠 있는 얼음과 바닷속에 잠긴 부분의 비율은 얼음과 물의 밀도로 나타난다.

3. 실험장치

인터페이스, 힘센서, 아크릴관, 사각형 금속판

4. 실험방법

1) 깊이에 따른 부력 측정

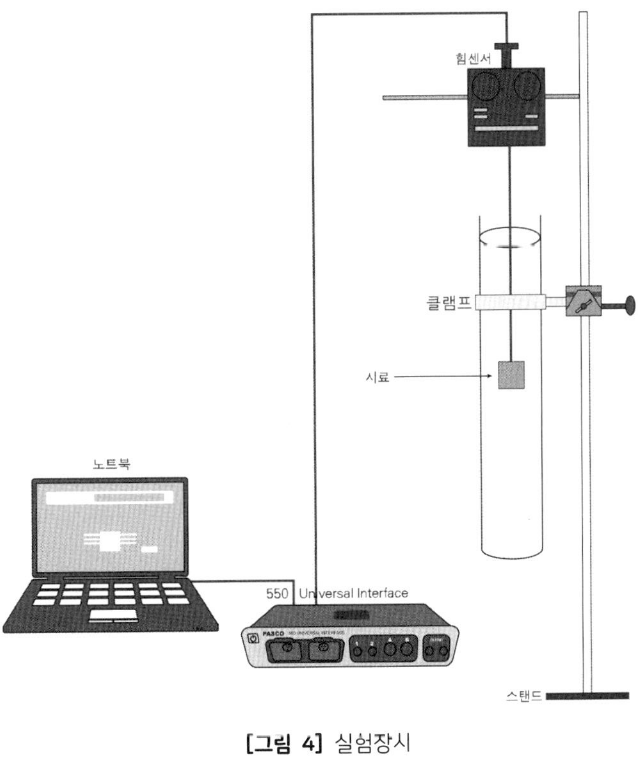

[그림 4] 실험장시

① 아크릴관, 힘센서, 유체를 이용하여 [그림 4]와 같이 실험장치를 설치한다. 힘센서에 물체를 연결하기 전에 제로 버튼을 사용하여 힘의 기준값을 '0'으로 만든다.

② 준비된 금속의 질량을 측정하고, 물체의 무게를 계산한다. 금속을 유체 속에 넣고 힘센서와 연결한다.

③ 프로그램 오른쪽의 아이콘 중에서 Table을 드래그하여 힘을 측정하는 Table을 만들고, 아이콘(Σ ▾)을 선택하여 Table에서 평균값을 측정한다.

④ Record를 눌러 물체에 작용하는 힘을 측정한다. 물체의 무게와 측정된 힘을 이용하여 부력을 계산한다.

⑤ 유체 내 물체의 깊이를 변화시키면서 물체에 작용하는 힘을 측정하고, 물체의 무게와 측정된 힘을 이용하여 부력을 계산한다. 물체의 깊이에 따른 부력을 비교해 보자.

2) 부피가 같고 질량이 다른 물체

① 1)의 ①~④와 동일하게 실험한다.

② 부피가 같고 질량이 다른 금속으로 변경하여 같은 유체의 깊이에서 물체에 작용하는 힘을 측정한다.

③ 물체의 무게와 측정된 힘을 이용하여 부력을 계산한다. 부피가 같고 질량이 다른 물체에 대한 부력을 비교해 보자.

3) 임의의 물체의 밀도 구하기

① 1)의 ①~④와 동일하게 실험한다.

② 부력을 이용하여 물체의 밀도를 계산한다.

결과보고서 11. 부력

학과 : 학번 : 이름 :

실험 날짜 : 공동 실험자 :

1. 실험결과 및 분석

1) 깊이에 따른 부력 측정

[표 1] 유체의 깊이에 따른 물체의 부력

물체	공기 중 무게[N]	물속 무게[N]	부력[N]		오차[%]
			실험값	이론값	

질문. 유체의 깊이에 따른 부력의 차이를 알아보자.

2) 부피가 같고 질량이 다른 물체

[표 2] 부피가 같고 질량이 다른 물체의 부력

물체	공기 중 무게[N]	물속 무게[N]	부력[N]		오차[%]
			실험값	이론값	

질문. 부피가 같고 질량이 다른 물체에 대한 부력의 차이를 알아보자.

3) 임의의 물체의 밀도 구하기

[표 3] 물체의 부력 측정값과 밀도 계산

물체	공기 중 무게[N]	물속 무게[N]	부력[N]	밀도[kg/m^3]

질문. 물체의 부력을 측정하고 밀도를 계산해 보자.

2. 실험결과에 대한 논의

실험12 용수철의 진동

1. 목적

용수철진자의 진동 주기를 측정하여 용수철 상수와 질량의 관계를 알아보자.

2. 이론

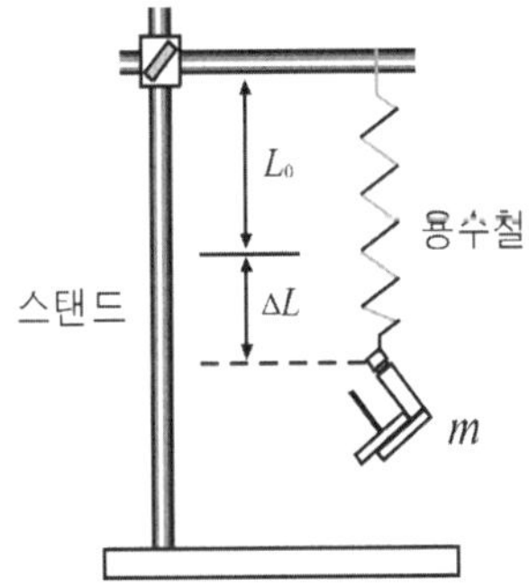

[그림 1] 늘어난 용수철

[그림 1]과 같이 지지대에 수직으로 매달린 용수철에 질량 m인 물체를 매달면, 중력 mg가 아래로 작용하여 용수철이 늘어나게 된다. 원래의 상태로 돌아가려는 힘인 복원력과 중력이 평형을 이루면 질량은 정지한다. 용수철의 복원력은 용수철의 늘어난 길이 ΔL에 비례하고, 용수철 상수가 k인 용수철의 복원력은 $-k\Delta L$이다. 음의 부호 (-)는 힘의 방향이 길이 변화의

방향과 반대라는 것을 의미한다. 추의 평형점 위치는 식 (1)에서 구할 수 있다.

$$F = mg = -kx \tag{1}$$

용수철에 매달린 물체를 아래로 잡아당겼다 놓으면 복원력에 의해 위쪽으로 움직이면서 물체의 속도가 점차 빨라진다. 물체의 속도 때문에 물체는 평형점을 지나 위쪽으로 계속 움직이지만 용수철의 복원력이 다시 반대 방향으로 작용하면서 물체의 속도는 점차 줄어든다. 물체는 일정한 높이에서 속도가 0이 되어 정지하고, 다시 아래로 떨어질수록 속도가 증가한다. 물체가 평형점 아래로 내려가면 용수철이 다시 늘어나 복원력이 작용한다. 같은 패턴이 주기적으로 반복된다.

물체가 위아래로 진동할 때 마찰과 공기 저항이 없다면 물체의 전체 에너지는 보존되고 운동에너지와 위치에너지의 형태로 번갈아 변화한다. 평형점에서는 위치에너지는 0이고 운동에너지는 최대이다. 가장 높이 올라가는 지점에서 운동에너지는 0이고 위치에너지는 중력위치에너지와 용수철이 수축하면서 증가하는 탄성위치에너지의 합이다.

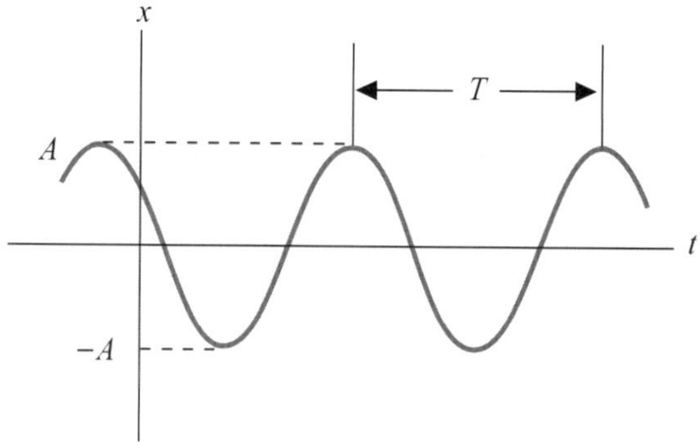

[그림 2] 단순조화운동

용수철 질량이 0인 이상적인 상황을 가정하면, 물체의 주기 운동은 단순조화운동으로 시간에 따른 변위는 [그림 2]와 같이 코사인 또는 사인함수의 형태를 띤다. 질량이 m인 물체가 용수철 상수가 k인 용수철에 매달려 단순조화운동을 하는 경우, 진동 주기는 식 (2)와 같다.

$$T = 2\pi\sqrt{\frac{m}{k}} \tag{2}$$

실제 실험에서는 용수철의 질량이 M으로 0이 아니기 때문에 용수철 질량이라는 요인도 고려해야 한다. 진동에 대한 용수철 질량은 용수철의 각 위치에 따라 용수철 상수가 달라지므로 용수철 질량의 1/3로 계산한다. 그러므로 식 (3)과 같다.

$$T = 2\pi\sqrt{\frac{m + \frac{M}{3}}{k}} \tag{3}$$

3. 실험장치

인터페이스, 컴퓨터, 힘센서, 대형 기판과 지지대, 막대, 이중 클램프, 같은 길이의 용수철 세트, 질량 세트, 자

4. 실험방법

1) 수평면에서의 실험

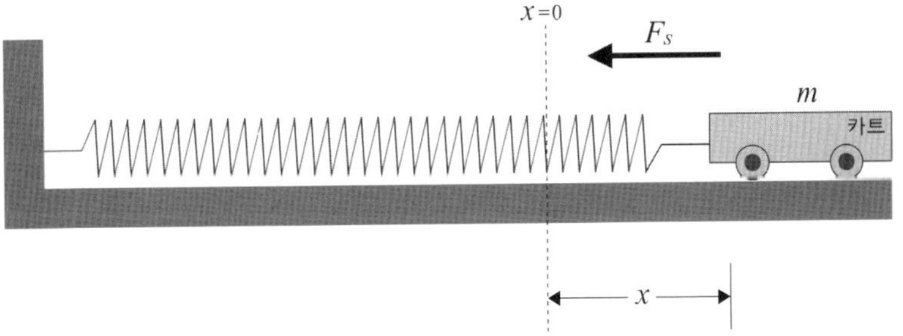

[그림 3] 수평면에서의 진동실험

① 힘센서와 인터페이스를 [그림 3]과 같이 설치한다.

② 프로그램 왼쪽의 Tools 중 상위에 있는 Hardware Setup(Hardware Setup)을 눌러서 인터페이스와 센서들이 잘 연결되어 있는지 확인한다. 연결이 잘되었다면 다음 그림과 같이 나타난다. 프로그램 오른쪽의 아이콘 중에 Table을 드래그하여 화면에서 힘을 측정하는 Table을 만들고, 아이콘(Σ ▾)을 선택하여 Table에서 평균값을 측정한다.

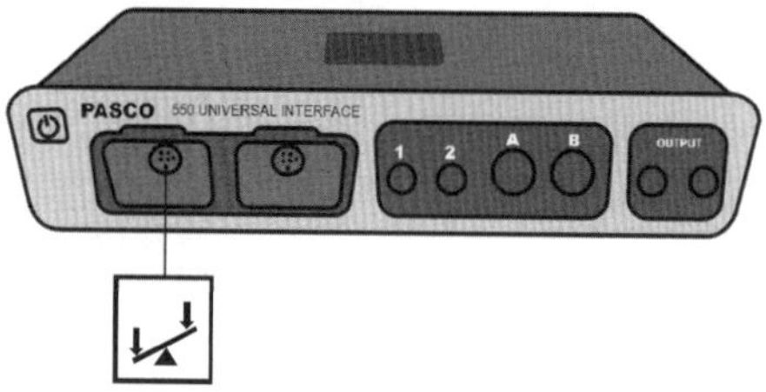

③ 힘센서를 인터페이스의 상단에 있는 센서 포트에 연결한다. 힘센서에 들어 있는 연결고리를 줄에 연결하고 줄은 카트에 연결한다.

④ 자를 사용하여 카트의 위치를 측정한다. 실험에 참고하기 위해 표에 이 측정값을 용수철의 평형 위치로 기록한다. 힘센서의 제로 버튼을 눌러 '0'으로 설정한다.

⑤ 15cm 정도 옆으로 잡아당겼다가 놓아 여러 번 진동운동을 하게 한다. Record( )를 눌러 데이터 기록을 시작한다. 실험이 다 끝난 뒤에는 Stop( )을 눌러 데이터 기록을 종료한다.

⑥ 그래프를 이용하여 평균 주기를 구하고 이를 이론적으로 구한 주기와 비교한다.

⑦ 카트의 진폭을 변화시켜 가면서 ⑤~⑥ 실험을 반복한다.

⑧ 카트의 질량을 변경하면서 ⑤~⑥ 실험을 반복한다.

⑨ 용수철을 변경하면서 ⑤~⑥ 실험을 반복한다.

2) 수직면에서의 실험

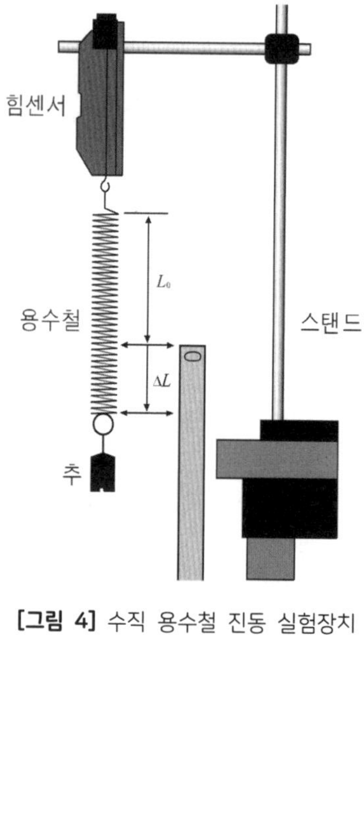

[그림 4] 수직 용수철 진동 실험장치

① 힘센서와 인터페이스를 [그림 4]와 같이 설치한다.

② 왼쪽의 Tools 중 상위에 있는 Hardware Setup( )을 눌러서 인터페이스와 센서들이 잘 연결되어 있는지 확인한다. 연결이 잘되었다면 아래 그림과 같이 나타난다. 프로그램 오른쪽의 아이콘 중에서 그래프를 드래그하여 화면에서 '힘(N) 대 시간(s)' 그래프를 만든다.

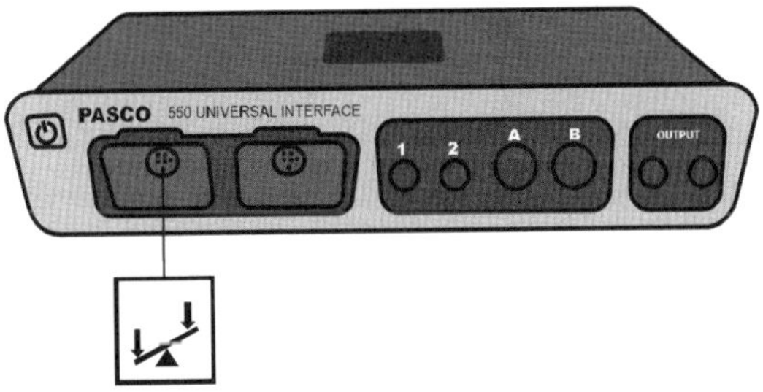

③ 힘센서에 들어 있는 연결 고리를 센서 끝에 연결한다. 고리의 끝이 아래로 내려가도록 힘센서를 수직으로 설치한다. 용수철의 무게를 정확하게 측정하여 기록한 다음 센서의 연결 고리에 용수철을 건다. 100g짜리 추를 용수철에 매단다.

④ 추와 용수철이 정지 상태인지 확인한다. 힘센서의 제로 버튼을 눌러 센서를 '0'으로 설정한다.

⑤ 추를 15cm 정도 아래로 잡아당겼다가 놓아 진동운동을 하게 한다.

⑥ Record( )를 눌러 데이터 기록을 시작한다.

⑦ 약 10초 동안 데이터를 기록한다.

⑧ Stop( )을 눌러 데이터 기록을 종료한다.

⑨ 이 그래프를 이용하여 평균 주기 T를 구하고 이론적으로 구한 주기와 비교하라. 질량이 위아래로 진동하기 때문에 용수철의 질량이 운동에 큰 영향을 미친다는 점에 주의해야 한다. 진동주기의 이론값을 계산할 때 용수철 전체 질량의 $\frac{1}{3}$인 유효질량이 필요하다.

⑩ 진폭을 변경하면서 ⑤~⑨ 실험을 반복한다.

⑪ 질량을 변경하면서 ⑤~⑨ 실험을 반복한다.

⑫ 용수철을 변경하면서 ⑤~⑨ 실험을 반복한다.

결과보고서 12. 용수철의 진동

학과 : 학번 : 이름 :
실험 날짜 : 공동 실험자 :

1. 실험결과 및 분석

1) 수평면

[표 1] 수평면에서 진폭과 용수철의 주기

용수철 상수 k[N/m]	질량 m[kg]	진폭 x[m]	주기 T[s]		오차 [%]
			실험값	이론값	

[표 2] 수평면에서 질량과 용수철의 주기

용수철 상수 k[N/m]	질량 m[kg]	진폭 x[m]	주기 T[s]		오차 [%]
			실험값	이론값	

[표 3] 수평면에서 용수철 상수와 주기

용수철 상수 k[N/m]	질량 m[kg]	진폭 x[m]	주기 T[s]		오차 [%]
			실험값	이론값	

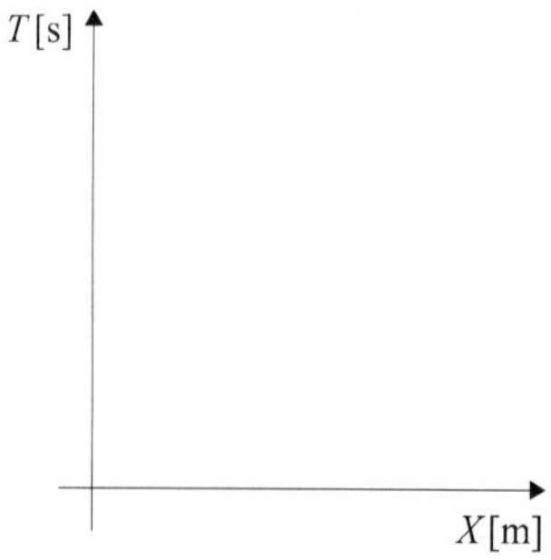

[그래프 1] 수평면에서 용수철의 주기와 진폭

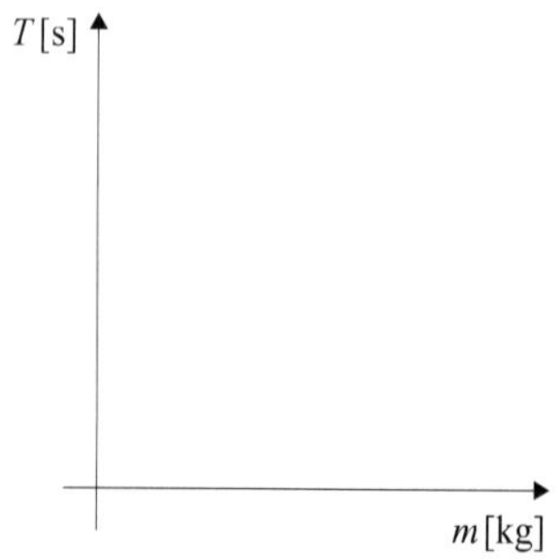

[그래프 2] 수평면에서 용수철의 주기와 질량

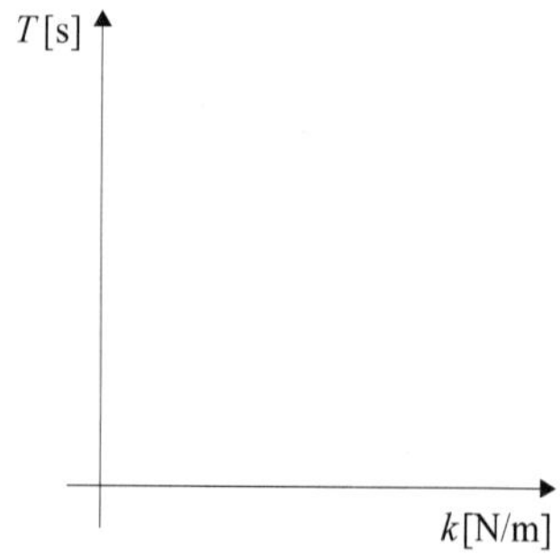

[그래프 3] 수평면에서 용수철의 주기와 용수철 상수

질문 1. 수평면에서 진동하는 용수철에 연결된 물체의 주기와 진폭의 관계를 알아보자.

질문 2. 수평면에서 진동하는 용수철에 연결된 물체의 주기와 질량의 관계를 알아보자.

질문 3. 수평면에서 진동하는 용수철에 연결된 물체의 주기와 용수철 상수의 관계를 알아보자.

2) 수직면

[표 4] 수직면에서 용수철의 주기와 진폭

용수철 상수 k[N/m]	질량 m[kg]	용수철 질량 M[kg]	전체 질량 $m+\frac{M}{3}$[kg]	진폭 x[m]	주기 T[s]		오차 [%]
					실험값	이론값	

[표 5] 수직면에서 용수철의 주기와 질량

용수철 상수 k[N/m]	질량 m[kg]	용수철 질량 M[kg]	전체 질량 $m+\frac{M}{3}$[kg]	진폭 x[m]	주기 T[s]		오차 [%]
					실험값	이론값	

[표 6] 수직면에서 용수철의 주기와 용수철 상수

용수철 상수 k[N/m]	질량 m[kg]	용수철 질량 M[kg]	전체 질량 $m+\frac{M}{3}$[kg]	진폭 x[m]	주기 T[s]		오차 [%]
					실험값	이론값	

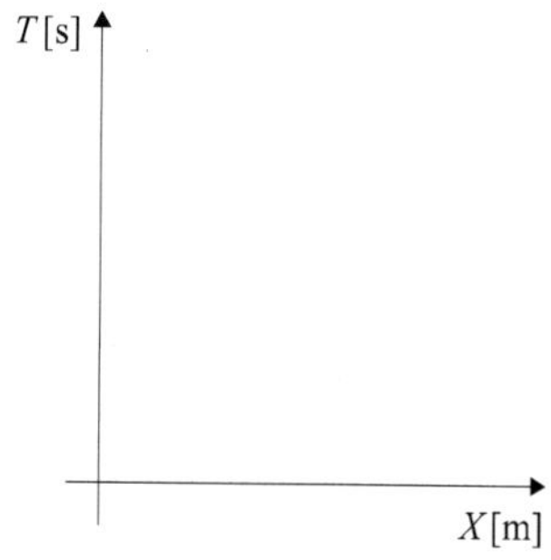

[그래프 4] 수직면에서 용수철의 주기와 진폭

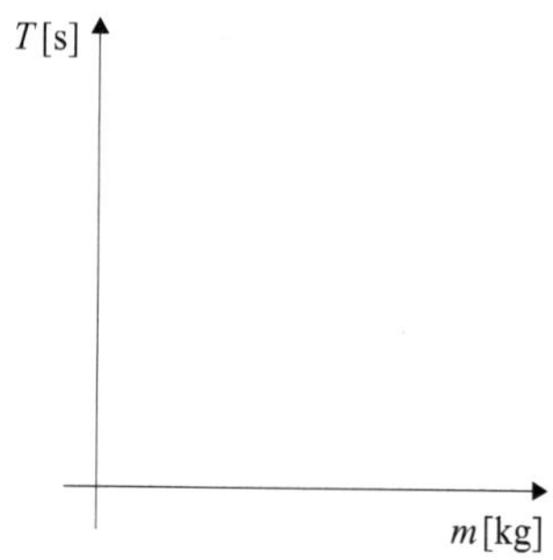

[그래프 5] 수직면에서 용수철의 주기와 질량

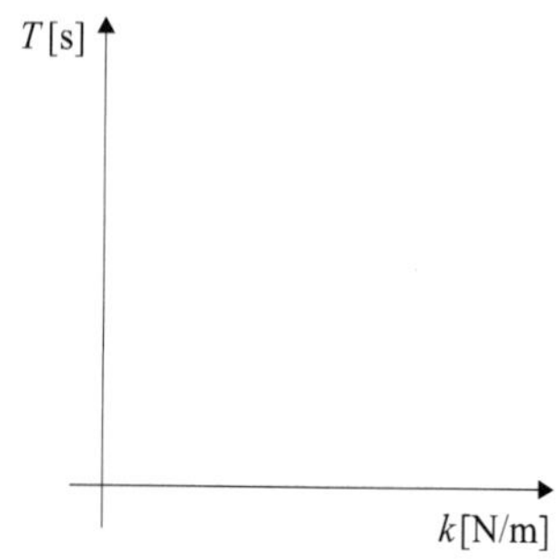

[그래프 6] 수직면에서 용수철의 주기와 용수철 상수

질문 1. 수직면에서 진동하는 용수철에 연결된 물체의 주기와 진폭의 관계를 알아보자.

질문 2. 수직면에서 진동하는 용수철에 연결된 물체의 주기와 질량의 관계를 알아보자.

질문 3. 수직면에서 진동하는 용수철에 연결된 물체의 주기와 용수철 상수의 관계를 알아보자.

2. 실험결과에 대한 논의

실험13 줄의 진동

1. 목적

줄의 진동 특성을 설명하는 파장, 진동수, 줄의 장력과 파동속도의 관계를 알아보자. 고무줄과 같은 탄성줄과 비탄성줄에서 발생하는 정상파의 파동속도를 구하고 비교해 보자.

2. 이론

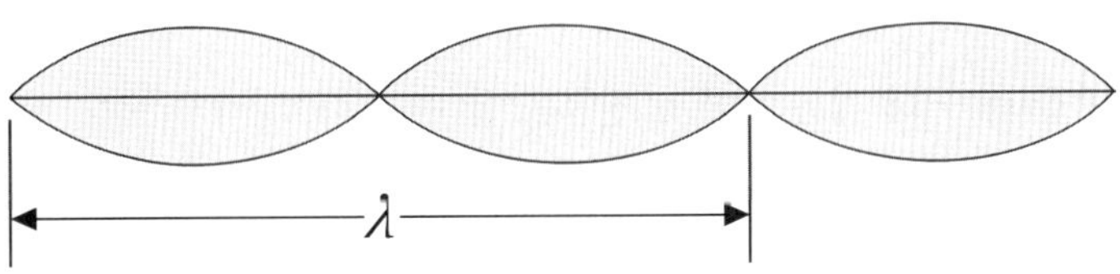

[그림 1] 정상파의 파장

[그림 1]과 같이 진동하는 줄에서 나타나는 정상파의 파동속도 v는 파동의 파장 λ와 진동수 f의 곱이며, 식 (1)로 나타난다.

$$v = f\lambda \tag{1}$$

또한 줄의 파동속도는 식 (2)와 같이 장력 F와 줄의 선형밀도 μ의 함수로 표현될 수 있다.

$$v = \sqrt{\frac{F}{\mu}} \tag{2}$$

여기서 선형밀도 μ는 줄의 단위 길이당 질량이다.

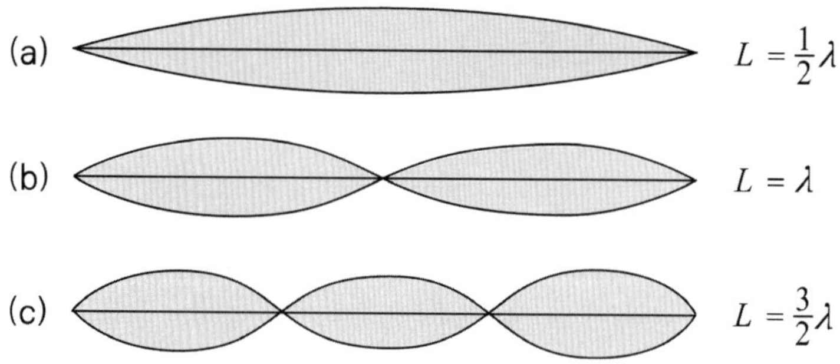

[그림 2] 정상파의 모양 (a) 세그먼트 1 (b) 세그먼트 2 (c) 세그먼트 3

[그림 2]와 같이 정상파는 같은 파장, 속도, 진폭을 가진 두 파동이 같은 매질을 통해 서로 반대 방향으로 진행하다가 중첩되어 서로 간섭할 때 발생한다. 정상파는 줄의 길이에 따라 다양한 고유 진동 모드(natural modes of vibration)를 갖는다. 줄의 정상파에서 줄의 양쪽은 고정되어 있으므로 어떠한 고유 진동 모드에서도 진동하지 않는다. 가장 단순한 형태는 [그림 2(a)]와 같이 줄의 양쪽 끝이 마디이고 가운데가 볼록한 배 형태의 진동이다. 이 경우 줄의 길이 L은 파동의 파장 λ의 1/2과 같다. 다음으로, [그림 2(b)]와 같이 줄의 양쪽 끝과 가운데에 마디가 있고 두 개의 볼록한 배 형태가 나타나는 진동이다. 이때 $L = \lambda$이다. 마찬가지로 [그림 2(c)]와 같이 볼록한 배가 더 많은 형태의 진동을 할 수 있다. 따라서 모든 경우를 고려하면 줄의 길이는 $\lambda/2$에 정수를 곱한 값과 같다. 줄의 고유 진동 모드는 L과 한 개의 배를 갖는 마디와 마디 사이의 단위인 세그먼트 수 n에 따라 결정된다. 정상파의 타원형 모양 세그먼트는 파장의 1/2이므로 식 (3)와 같이 나타낼 수 있다.

$$\lambda_n = \frac{2L}{n} \quad n = 1,\ 2,\ 3,\ \cdots \tag{3}$$

위의 식 (1), (2), (3)의 3가지 식을 결합하여 장력을 표현하면 식 (4)와 같이 나타난다.

$$F = \mu v^2 = \mu(f\lambda)^2 = \mu f^2\left(\frac{2L}{n}\right)^2$$

$$F = 4\mu f^2 L^2 \left(\frac{1}{n^2}\right) \tag{4}$$

3. 실험장치

줄진동자, 전원장치, 파동 고무줄, 테이블 클램프, 봉, 힘센서, 인터페이스, 컴퓨터, 저울, 줄자, 비탄성줄, 도르래, 질량 세트

4. 실험빙법

1) 고무줄의 파동속도

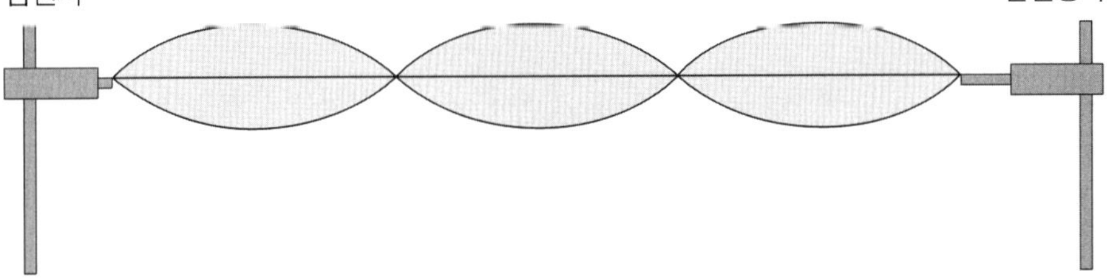

[그림 3] 실험장치

① 힘센서 진동자 인터페이스를 연결하고 힘센서를 스텐봉에 고정시켜 [그림 3]과 같이 설치한다.

② 프로그램 왼쪽의 Tools 중 상위에 있는 Hardware Setup( )을 눌러서 인터페이스와 센서들이 잘 연결되어 있는지 확인한다. 연결이 잘되었다면 다음 그림과 같이 나타난다. 프로그램 오른쪽의 아이콘 중에서 Table을 드래그하여 화면에서 힘을 측정하는 Table을 만들고, 아이콘(Σ▾)을 선택하여 Table에서 평균값을 측정한다.

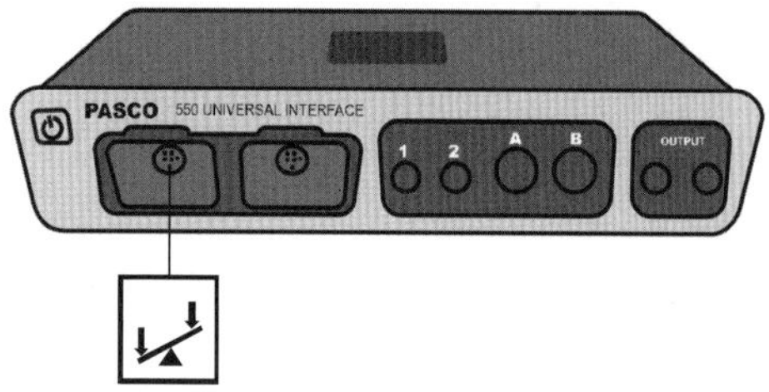

③ 화면 왼쪽의 Signal generator( )를 실행하여 진동수와 전압을 조절한다. 진동수를 5.0 Hz, 전압을 6.0 V로 맞춘다.

④ 힘센서의 제로 버튼을 누른다.

⑤ 줄 진동기의 날에 1.0 m 길이의 줄을 묶는다. 다른 쪽 끝에 짧은 고리를 만들어 힘센서의 후크에 끼운다. 줄 진동기에 매달려 늘어난 고무줄의 길이 L을 측정한다.

⑥ Signal generator( )의 진동수를 조정하여 고무줄이 1~2개의 세그먼트로 진동할 수 있도록 한다. 고무줄이 날에 묶여 있는 지점이 마디여야 한다.

⑦ 정상파가 발생할 때 세그먼트 수, 진동수, 줄의 장력을 표에 기록한다.

⑧ 세그먼트 수와 L을 이용하여 파동의 파장을 구한다. 파장과 진동수를 이용하여 파동의 속도를 계산한다.

⑨ Signal generator의 진동수를 변화시켜 가면서 ⑥~⑧ 실험을 반복한다.

⑩ 실험이 끝난 후, 늘어난 고무줄을 칼로 잘라 질량을 측정한다. 측정한 질량과 늘어난 고무줄의 길이를 이용하여 늘어난 고무줄의 선형밀도를 계산한다.

⑪ 늘어난 고무줄의 선형밀도와 줄의 장력을 이용하여 파동의 속도를 구한다. 이를 파장과 진동수를 이용하여 구한 파동의 속도와 비교한다.

2) 비탄성줄의 장력과 정상파

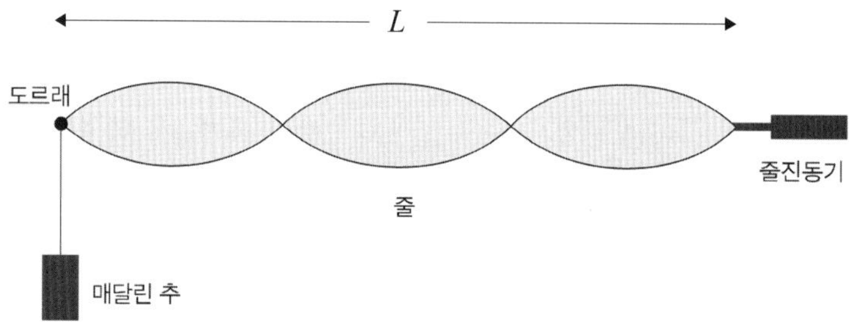

[그림 4] 장력이 가해진 줄의 정상파

① 진동자를 인터페이스와 연결하여 [그림 4]와 같이 실험장치를 설치한다. 1.5m 정도 되는 비탄성줄의 길이를 정확하게 잰다. 줄의 질량을 측정하고 선형밀도 μ(질량/길이)를 계산한다.

② 화면 왼쪽의 Signal generator( )를 실행하여 진동수와 전압을 조절한다. 진동수를 5.0Hz, 전압을 6.0V로 맞춘다.

③ 진동자와 도르래의 간격이 약 1.3m가 되도록 도르래를 클램프로 고정시킨다. 줄 진동기의 날에 비탄성줄을 묶고 도르래 위에 늘어뜨린 다음 1.0kg의 물체를 줄 끝에 매단다.

④ 줄 진동기에 묶인 줄의 매듭에서 도르래 맨 윗부분까지의 거리 L을 측정한다.

⑤ Signal generator( )를 실행하여 일정한 교류신호를 발생시킨다.

⑥ 진동수를 조정하여 줄이 2개의 세그먼트로 진동할 수 있도록 한다. 줄이 눆여 있는 지점이 마디여야 한다.

⑦ 추걸이를 포함하여 매달린 질량 m을 기록한다.

⑧ 줄의 장력 $F = mg$를 계산한다.

⑨ 알아낸 장력 F와 선형밀도 μ로 파동의 속도를 계산한다.

⑩ 파장 λ와 진동수 f로 파동의 속도를 계산한다.

⑪ ⑨와 ⑩에서 구한 파동의 속도를 비교한다.

⑫ 진동수를 고정하고, 세그먼트가 3개, 4개, 5개인 정상파를 만들기 위해 매달린 질량을 조절한 다음 ⑦~⑪ 실험을 반복한다.

⑬ 모든 n(세그먼트의 수) 값에 대하여 $\frac{1}{n^2}$을 계산한다. x축을 $\frac{1}{n^2}$로 하고 y축을 F로 하는 그래프를 그리고 그래프의 기울기를 이용해 줄의 선형밀도 μ를 계산한다. 이를 ①에서 구한 선형밀도와 비교한다.

결과보고서 13. 줄의 진동

학과 : 　　　　　　학번 : 　　　　　　이름 :

실험 날짜 : 　　　　　　공동 실험자 :

1. 실험결과 및 분석

1) 고무줄의 파동속도

늘어난 고무줄의 길이 = 　　　　　m

늘어난 고무줄의 질량 = 　　　　　kg

늘어난 고무줄의 선형밀도(μ) = 　　　　　kg/m

[표 1] 고무줄의 파동속도

주파수 [Hz]	세그먼트 수 n	파장 [m]	파장에 의한 파동속도 [m/s]	힘 [N]	장력에 의한 파동속도 [m/s]	오차 [%]

질문. 고무줄의 파동속도와 줄의 선형밀도, 장력, 진동수의 관계를 알아보자.

2) 비탄성줄의 장력과 정상파

줄의 길이(L) = mm

줄의 질량(m) = kg

줄의 선형밀도(μ) = kg/m

진동수(f) = Hz

[표 2] 비탄성줄의 파동속도

세그먼트의 수 n	파장 [m]	파장에 의한 파동속도 [m/s]	매달린 질량 m[kg]	장력 mg[N]	장력에 의한 파동속도 [m/s]	오차 [%]

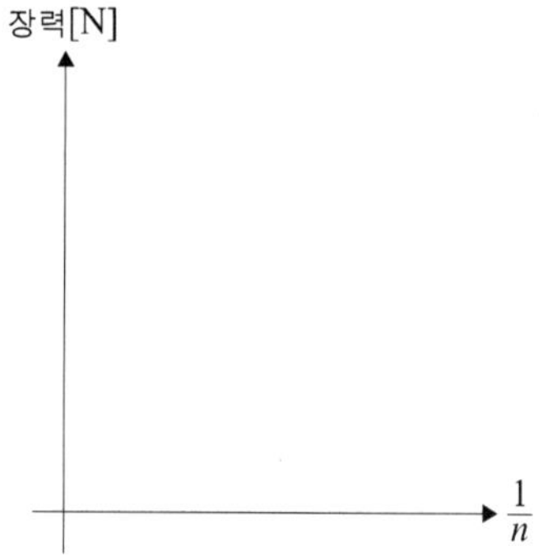

[그래프 1] 비탄성줄의 장력과 세그먼트 횟수

그래프에서 구한 선형밀도 = kg/m

선형밀도의 오차 = %

질문. 비탄성줄의 파동속도와 밀도, 장력, 진동수의 관계를 알아보자.

2. 실험결과에 대한 논의

부록

A. 최소자승법

실험에서 측정된 x와 y값의 상관관계가 이론적으로 직선의 방정식을 만족한다고 하면, 이 실험값을 가장 잘 나타내는 함수는 $y = mx + b$이다. 임의의 $(x_i,\ y_i)$에 대한 $mx + b$의 대한 편차를 Δy_i라 하자. 편차 Δy_i의 자승값의 합을 R이라 두면 R은

$$R = (\Delta y_1)^2 + (\Delta y_2)^2 + \cdots + (\Delta y_n)^2$$

이라 쓸 수 있다. 여기서 $\Delta y_i = y_i - (mx_i + b)$이므로 위 식에 대입하면

$$R = (y_1 - mx_1 - b)^2 + (y_2 - mx_2 - b)^2 + \cdots + (y_n - mx_n - b)^2$$

이 된다. 여기서 $x_1,\ x_2,\ \cdots$, xn, $y_1,\ y_2,\ \cdots,\ y_n$은 모두 측정된 실험값이므로 R은 두 변수 m과 b의 함수이다. R이 최소가 되려면 $\frac{\partial R}{\partial m}$과 $\frac{\partial R}{\partial b}$이 모두 0이 되어야 하며, 이는 아래와 같은 미분식으로 나타난다.

$$\frac{\partial R}{\partial m} = -2x_1(y_1 - mx_1 - b) - 2x_2(y_2 - mx_2 - b) - \cdots - 2x_n(y_n - mx_n - b) = 0$$

$$\frac{\partial R}{\partial b} = -2(y_1 - mx_1 - b) - 2(y_2 - mx_2 - b) - \cdots - 2(y_n - mx_n - b) = 0$$

Σ 표시를 사용하면 위 두 시은

$$m\sum x_i^2 + b\sum x_i = \sum x_i y_i$$

$$m\sum x_i + nb = \sum y_i$$

와 같이 간단히 표현된다. 위 식을 이용하여 m과 b를 풀면

$$m = \frac{n\sum_{i=1}^{n} x_i y_i - (\sum_{i=1}^{n} x_i)(\sum_{i=1}^{n} y_i)}{n\sum_{i=1}^{n} x_i^2 - (\sum_{i=1}^{n} x_i)^2}$$

$$b = \frac{(\sum_{i=1}^{n} y_i)(\sum_{i=1}^{n} x_i^2) - (\sum_{i=1}^{n} x_i)(\sum_{i=1}^{n} x_i y_i)}{n\sum_{i=1}^{n} x_i^2 - (\sum_{i=1}^{n} x_i)^2}$$

와 같이 구할 수 있다. 여기서 m은 직선의 기울기이고 b는 y축의 절편이다.

실험값들이 비선형적인 관계에 있다면 선형적인 관계로 바꾼 다음 최소자승법을 사용하여야 한다. 만약 $y = ae^{mx}$라면 양변에 로그를 취하여 $\log y = m\log x + \log b$와 같이 선형적인 형태로 바꾸어 사용해야 한다.

B. 단위환산표

길이	cm	m	in	ft	mi
1cm	1	0.01	0.3937	0.03281	6.214×10^{-6}
1m	100	1	39.37	3.281	6.214×10^{-4}
1in	2.540	0.0254	1	0.0833	1.578×10^{-5}
1ft	30.48	0.3048	12	1	1.894×10^{-4}
1mi	1.69×10^{5}	1609	6.336×10^{4}	5280	1

질량	g	kg	slug	oz	lb
1g	1	0.001	6.853×10^{-5}	3.527×10^{-2}	2.25×10^{-3}
1kg	1000	1	6.853×10^{-2}	35.27	2.25
1slug	1.459×10^{4}	14.59	1	514.8	32.17
1oz	28.35	2.835×10^{-2}	1.943×10^{-3}	1	6.259×10^{-2}
1lb	453.6	0.4536	3.108×10^{-2}	16	1

C. 물리상수표

물리 상수	기호	값	단위
진공 속에서 빛의 속력	c	3.00×10^{8}	m/s
진공투자율($4\pi\times10^{-7}$)	μ_0	1.26×10^{-6}	N/A^2, H/m
진공유전율	ϵ_0	8.85×10^{-11}	F/m
기본전하량	e	1.60×10^{-31}	kg
양성자질량	m_p	1.67×10^{-27}	kg
중성자질량	m_n	1.68×10^{-27}	kg
전자의 비전하	$-e/m_e$	-1.76×10^{11}	C/kg
플랑크상수	$h/2\pi$	1.05×10^{-34}	J·s
몰기체상수	R	8.31	J/mol·k
아보가드로상수	N_A	6.02×10^{23}	mol^{-1}
스테판-볼츠만상수	σ	5.67×10^{-8}	W/m^2K^4
만유인력상수	G	6.67×10^{-11}	$m^3/s^2\cdot kg$
보어반지름	a_0	5.29×10^{-11}	m
전자자기모멘트	μ_e	9.28×10^{-24}	J/T
양성자자기모멘트	μ_p	1.41×10^{-26}	J/T
보어마그네톤	μ_B	9.27×10^{-24}	J/T
원자질량단위	u	1.66×10^{-27}	kg
전자볼트	eV	1.60×10^{-19}	J

D. 물리적 성질

물질명	원소기호	밀도 ρ(20℃) (g/cm³)	선팽창계수 a ($10^{-5}K^{-1}$)	비열(20℃) (cal/g • K)	비저항 ρ(20℃) ($10^{-2}\Omega mm^2/m$)
아연	Zn	7.14	2.62	0.092	5.8
알루미늄	Al	2.70	2.4	0.21	2.7
우라늄	U	18.7	-	0.028	-
카드뮴	Cd	8.64	3.2	0.055	7.46
칼슘	Ca	1.55	2.2	0.16	4.5
금	Au	19.3	1.4	0.031	2.21
은	Ag	10.50	1.9	0.056	1.59
크롬	Cr	7.1	0.85	0.11	2.8
코발트	Co	8.8	1.3	0.10	6.8
수은	Hg	13.55	-	0.033	95.8
주석	Sn	7.31	2.7	0.054	11.5
텅스텐	W	19.3	0.43	0.032	5.51
철	Fe	7.86	1.2	0.107	10.5
구리	Cu	8.93	1.6	0.092	1.72
나트륨	Na	0.97	7.1	0.30	4.6
납	Pb	11.34	2.9	0.031	20.7
니켈	Ni	8.9	1.3	0.108	7.8
백금	Pt	21.37	0.90	0.032	10.8
마그네슘	Mg	1.74	2.6	0.25	4.6
몰리브덴	Mo	10.2	0.49	0.062	5.7